高职高专"十三五"规划教材
辽宁省职业教育改革发展示范校建设成果

采油工程

马 爽 主编　徐志强　彭 勇 副主编

U0196398

化学工业出版社
·北京·

本书由盘锦职业技术学院石油工程系，依据采油工职业资格等级标准，统一组织编写。书中从常用工具、量具的使用开始，由浅入深系统介绍了采油岗位相关操作技能，包括自喷井管理、注水井管理，特别是对抽油机井管理的相关内容进行了详尽介绍。本书以实践为指导，论述翔实全面，语言简洁通俗，资料准确，图文并茂，具有很强的可操作性和广泛的实用性。

本书可作为高职高专采油专业的教学用书，也可作为采油工程技术人员及高级技工培训的参考用书。

图书在版编目（CIP）数据

采油工程/马爽主编. —北京：化学工业出版社，2019.3（2025.1 重印）
高职高专"十三五"规划教材
ISBN 978-7-122-33580-7

Ⅰ.①采…　Ⅱ.①马…　Ⅲ.①石油开采-高等职业教育-教材　Ⅳ.①TE35

中国版本图书馆 CIP 数据核字（2019）第 000147 号

责任编辑：满悦芝　丁文璇
责任校对：张雨彤　　　　　　　　　　　　　　装帧设计：张　辉

出版发行：化学工业出版社（北京市东城区青年湖南街 13 号　邮政编码 100011）
印　　装：北京科印技术咨询服务有限公司数码印刷分部
787mm×1092mm　1/16　印张 12　字数 293 千字　2025 年 1 月北京第 1 版第 3 次印刷

购书咨询：010-64518888　　　　　　　　　　　售后服务：010-64518899
网　　址：http://www.cip.com.cn
凡购买本书，如有缺损质量问题，本社销售中心负责调换。

定　价：45.00 元　　　　　　　　　　　　　　　　　版权所有　违者必究

序

世界职业教育发展的经验和我国职业教育的历程都表明，职业教育是提高国家核心竞争力的要素之一。近年来，我国高等职业教育发展迅猛，成为我国高等教育的重要组成部分。《国务院关于加快发展现代职业教育的决定》、教育部《关于全面提高高等职业教育教学质量的若干意见》中都明确要大力发展职业教育，并指出职业教育要以服务发展为宗旨，以促进就业为导向，积极推进教育教学改革，通过课程、教材、教学模式和评价方式的创新，促进人才培养质量的提高。

盘锦职业技术学院依托于省示范校建设，近几年大力推进以能力为本位的项目化课程改革，教学中以学生为主体，以教师为主导，以典型工作任务为载体，对接德国双元制职业教育培训的国际轨道，教学内容和教学方法以及课程建设的思路都发生了很大的变化。因此开发一套满足现代职业教育教学改革需要、适应现代高职院校学生特点的项目化课程教材迫在眉睫。

为此学院成立专门机构，组成课程教材开发小组。教材开发小组实行项目管理，经过企业走访与市场调研、校企合作制定人才培养方案及课程计划、校企合作制定课程标准、自编讲义、试运行、后期修改完善等一系列环节，通过两年多的努力，顺利完成了四个专业类别20本教材的编写工作。其中，职业文化与创新类教材4本，化工类教材5本，石油类教材6本，财经类教材5本。本套教材内容涵盖较广，充分体现了现代高职院校的教学改革思路，充分考虑了高职院校现有教学资源、企业需求和学生的实际情况。

职业文化类教材突出职业文化实践育人建设项目成果；旨在推动校园文化与企业文化的有机结合，实现产教深度融合、校企紧密合作。教师在深入企业调研的基础上，与合作企业专家共同围绕工作过程系统化的理论原则，按照项目化课程设计教材内容，力图满足学生职业核心能力和职业迁移能力提升的需要。

化工类教材在项目化教学改革背景下，采用德国双元培育的教学理念，通过对化工企业的工作岗位及典型工作任务的调研、分析，将真实的工作任务转化为学习任务，建立基于工作过程系统化的项目化课程内容，以"工学结合"为出发点，根据实训环境模拟工作情境，尽量采用图表、图片等形式展示，对技能和技术理论做全面分析，力图体现实用性、综合性、典型性和先进性的特色。

石油类教材涵盖了石油钻探、油气层评价、油气井生产、维修和石油设备操作使用等领域，拓展发展项目化教学与情境教学，以利于提高学生学习的积极性、改善课堂教学效果，对高职石油类特色教材的建设做出积极探索。

财经类教材采用理实一体的教学设计模式，具有实战性；融合了国家全新的财经法律法规，具有前瞻性；注重了与其他课程之间的联系与区别，具有逻辑性；内容精准、图文并茂、通俗易懂，具有可读性。

在此，衷心感谢为本套教材策划、编写、出版付出辛勤劳动的广大教师、相关企业人员以及化学工业出版社的编辑们。尽管我们对教材的编写怀抱敬畏之心，坚持一丝不苟的专业态度，但囿于自己的水平和能力，疏漏之处在所难免。敬请学界同仁和读者不吝指正。

周铭

盘锦职业技术学院　院长

2018 年 9 月

前言

为增强学生的学习效果，切实提升学生的操作能力，盘锦职业技术学院石油工程系组织开展了《采油工程》的编写工作。本书按照项目驱动型教材模式组织编写，从常用工具、量具的使用开始，由浅入深系统介绍了采油岗位相关操作技能，特别是对抽油机井管理的相关内容进行了详尽介绍。本书在编写过程中，广泛征求采油现场专家徐志强、崔凯华、赵奇峰等人的相关意见，查阅了大量相关标准及资料。图书内容以实践为指导，语言简洁通俗，资料准确，具有很强的可操作性和实用性。

本书分为四个大项目，总计 35 个任务，由马爽编写项目 3 中的全部任务。赵志明编写项目 2 中的全部任务，彭勇编写项目 1 中的全部任务。孙金坛编写项目 4 中的任务 1 至任务 6，徐志强编写项目 4 中的任务 7 至任务 15。

在本教材出版之际，谨向编写过程中给予大力支持和帮助的盘锦职业技术学院石油工程系全占茂主任，阙英伟书记，油气开采教研室主任高文阳表示衷心感谢！

由于编者水平有限，书中不妥之处在所难免，请广大读者提出宝贵意见。

编者

2019 年 1 月

目录

项目1
常用工具、量具的使用

常用工具、量具的使用是从事采油工作的基础，不但要熟练掌握它们的规格、型号、材质、适用范围及正确的使用方法，还要掌握它们的维护保养方法，才能保证日常工作的顺利进行。

本项目针对采油现场使用较广且具有一定代表性的工具和量具，设置了8项任务。

任务 1　正确使用活动扳手

活动扳手是开口大小可在规定范围内进行调节，拧紧或卸掉不同规格的螺栓或螺母，启闭阀类、上卸杆类丝扣的工具。

1.1.1　学习目标

通过学习，使学员掌握活动扳手的使用方法；能够选择与螺栓规格相匹配的活动扳手，能够正确检查活动扳手滑轨、虎口、销子状况；能够熟练进行螺栓或螺母的上扣与卸扣；能够正确保养与存放活动扳手；能够辨识违章行为，消除事故隐患；能够提高个人规避风险的能力，避免安全事故发生；能够在发生人身意外伤害时，进行应急处置。

1.1.2　学习任务

本次学习任务包括检查活动扳手，使用活动扳手上卸螺栓或螺母，保养活动扳手。

1.1.3　背景知识

1.1.3.1　活动扳手的结构及表示方法

活动扳手的规格采用扳手全长加虎口全开时的宽度的表示方法。例如：活动扳手上标有"200×24"的字样，表示扳手全长为200mm，虎口全开时的宽度是24mm。活动扳手结构如图1-1-1所示。

1.1.3.2　活动扳手的技术规范及适用范围

活动扳手的技术规范及适用范围见表1-1-1。

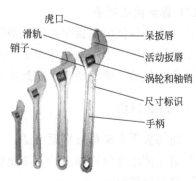

图 1-1-1　活动扳手

表 1-1-1 活动扳手的技术规范及适用范围

扳手规格/mm	100	150	200	250	300	375	450	600
最大开口宽度/mm	14	19	24	30	36	46	55	62
适用最大螺栓(螺母)直径/mm	M6	M10	M12	M16	M22	M27	M30	M36

1.1.4 任务实施

1.1.4.1 准备工作

① 正确穿戴劳保用品。

② 准备工具、用具见表 1-1-2。

③ 准备使用螺栓固定的阀门或其他配件。

表 1-1-2 正确使用活动扳手工具、用具表

序号	工具、用具名称	规格	数量	序号	工具、用具名称	规格	数量
1	活动扳手	600mm	1 把	7	活动扳手	150mm	1 把
2	活动扳手	450mm	1 把	8	活动扳手	100mm	1 把
3	活动扳手	375mm	1 把	9	螺栓和螺母		1 套
4	活动扳手	300mm	1 把	10	黄油		适量
5	活动扳手	250mm	1 把	11	棉纱		适量
6	活动扳手	200mm	1 把				

1.1.4.2 操作过程

(1) 检查活动扳手

① 检查活动扳手滑轨是否灵活,活动应无卡阻。

② 检查销子是否良好,有无脱出松旷现象。

③ 检查虎口有无裂痕,呆扳唇与活动扳唇表面应平滑无外伤。

(2) 上紧或卸松螺栓

① 选择开口宽度与螺栓尺寸相适宜的活动扳手。

② 将开口调到合适位置,夹紧螺栓。

③ 用另一只活动扳手在螺母上打好备钳。

④ 活动扳唇与用力方向一致,用力拉动扳手。

(3) 保养活动扳手

① 用棉纱擦拭活动扳手,清理油污泥沙等杂质。

② 将活动扳手上均匀涂抹少量黄油。

③ 合拢扳唇,将活动扳手放到指定地点或工具箱内。

1.1.5 归纳总结

① 使用扳手夹螺母应松紧合适。

② 禁止使用套筒式加力杆,禁止锤击扳手,也不能将扳手当手锤使用。

③ 禁止反搭扳手。

④ 扳动时不能推,要用手拉。非推不可时,要用手掌推,手指伸开,防止撞伤关节。

⑤ 使用后擦洗干净，涂油防锈。

⑥ 应急处置：操作时发生人身意外伤害，应立即停止操作，脱离危险源后立即进行救治，如果伤情较重，立即拨打 120 急救电话送医院救治并汇报。

1.1.6　拓展链接

除常用的活动扳手外，适用于固定尺寸螺栓或螺母以及特定场所、特殊类型的扳手因其灵活方便的特点也有着广泛的应用。

（1）呆扳手

呆扳手一端或两端制有固定尺寸的开口，用以拧转一定尺寸的螺母或螺栓，呆扳手外形见图 1-1-2。

（2）梅花扳手

梅花扳手两端具有带六角孔或十二角孔的工作端，适用于工作空间狭小，不能使用普通扳手的场合。梅花扳手外形见图 1-1-3。

图 1-1-2　双头呆扳手

图 1-1-3　梅花扳手

（3）两用扳手

两用扳手一端与单头呆扳手相同，另一端与梅花扳手相同，两端拧转相同规格的螺栓或螺母。

（4）钩形扳手

钩形扳手又称月牙形扳手，用于拧转厚度受限制的扁螺母等。钩形扳手外形见图 1-1-4。

（5）套筒扳手

套筒扳手是由多个带六角孔或十二角孔的套筒并配有手柄、接杆等多种附件组成，特别适用于拧转地位十分狭小或凹陷很深处的螺栓或螺母。套筒扳手外形见图 1-1-5。

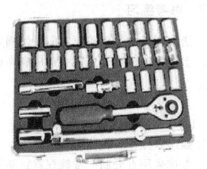

图 1-1-4　钩形扳手　　　　　　　　　　图 1-1-5　套筒扳手

（6）内六角扳手

内六角扳手是成 L 形的六角棒状扳手，专用于拧转内六角螺钉。内六角扳手外形见图 1-1-6。内六角扳手的型号是按照六方的对边尺寸来说的，螺栓的尺寸有国家标准，专供紧固或拆卸机床、车辆、机械设备上的圆螺母用。

（7）扭力扳手

扭力扳手在拧转螺栓或螺母时，能显示出所施加的扭矩；或者当施加的扭矩到达规定值后，会发出光或声响信号。扭力扳手适用于对扭矩大小有明确规定的装置，扭力扳手外形见图 1-1-7。

图 1-1-6　内六角扳手　　　　　　　　　图 1-1-7　扭力扳手

（8）活扳手

该扳手的结构特点是固定钳口制成带有细齿的平钳凹。活动钳口一端制成平钳口；另一端制成带有细齿的凹钳口。向下按动蜗杆，活动钳口可迅速取下，调换钳口位置。

（9）F 形扳手

F 形扳手是采油工人在生产实践中"发明"出来的，由钢筋棍直接焊接而成，主要应用于阀门的开关操作，是非常简单好用的专用工具。其规格通常为前后力臂距 150mm，力臂杆长 100mm，总长 600～700mm。F 形扳手外形见图 1-1-8。

图 1-1-8　F 形扳手

1.1.7　思考练习

① 活动扳手的正确使用方向如何确定？

② 上卸螺栓或螺母过程中造成螺帽棱台损坏的原因是什么？

1.1.8　考核

1.1.8.1　考核规定

① 如违章操作，将停止考核。

② 考核采用百分制，考核权重：知识点（30%），技能点（70%）。

③ 考核方式：本项目为实际操作考题，考核过程按评分标准及操作过程进行评分。

④ 测量技能说明：本项目主要测试考生对使用活动扳手掌握的熟练程度。

1.1.8.2　考核时间

① 准备工作：1min（不计入考核时间）。

② 正式操作时间：5min。

③ 在规定时间内完成，到时停止操作。

1.1.8.3　考核记录表

正确使用活动扳手考核记录表见表 1-1-3。

表 1-1-3　正确使用活动扳手考核记录表

序号	考核内容	评 分 要 素	配分	评 分 标 准	备注
1	准备工作	选择工具、用具；劳保着装整齐，活动扳手1组，螺栓和螺母1套，黄油、棉纱适量	5	未正确穿戴劳保不得进行操作，本次考核直接按照零分处理；未准备工具、用具及材料扣5分；少选一件扣1分	
2	检查活动扳手	选择开口宽度与螺栓尺寸相适宜的活动扳手，检查活动扳手滑轨、销子及虎口，检查呆扳唇与活动扳唇表面	30	未检查活动扳手滑轨是否灵活扣5分；未检查销子是否良好扣5分；未检查虎口有无裂痕扣5分；未检查呆扳唇与活动扳唇表面是否平滑无外伤扣5分	
3	上紧或卸松螺栓	将开口调到合适位置，夹紧螺栓。用另一只活动扳手在螺母上打好备钳，活动扳唇与用力方向一致，用力拉动扳手	50	选择扳手与螺栓或螺母规格不对应扣10分；活动扳手开口不合适扣5分；打脱扳手扣10分；未打备钳扣10分；用力方向不对扣5分；工具掉落扣10分；扳手打反扣10分	
4	保养活动扳手	擦拭活动扳手，清理油污泥沙等杂质，将活动扳手均匀涂抹少量黄油，合拢扳唇，放到指定地点或工具箱内	10	未用棉纱擦拭活动扳手扣5分；未清理干净油污泥沙等杂质扣5分；未将活动扳手涂抹黄油扣5分；未合拢扳唇扣5分；未将活动扳手放到指定地点或工具箱内扣5分	
5	清理场地	清理现场，收拾工具	5	未收拾保养工具扣2分；未清理现场扣3分；少收一件工具扣1分	
6	考核时限	5min，到时停止操作考核			
		合计 100 分			

任务 2　正确使用管钳

管钳用来转动金属管或其他圆柱形工件，是管路安装和维修工作中常用的工具。

1.2.1　学习目标

通过学习，使学员掌握管钳的使用方法；能够选择与管件规格相匹配的管钳；能够正确检查管钳钳牙、螺母、销子状况；能够熟练进行管件的上扣与卸扣；能够正确保养与存放管钳；能够辨识违章行为，消除事故隐患；能够提高个人规避风险的能力，避免安全事故发生；能够在发生人身意外伤害时，进行应急处置。

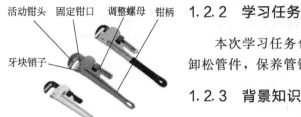

活动钳头　固定钳口　调整螺母　钳柄

牙块销子

图 1-2-1　管钳结构

1.2.2　学习任务

本次学习任务包括检查管钳及工件，使用管钳上紧或卸松管件，保养管钳。

1.2.3　背景知识

1.2.3.1　管钳的结构及表示方法

管钳的规格是指管钳头最大合理开口时的整体长度。管钳结构如图 1-2-1 所示。

1.2.3.2　管钳的技术规范及适用范围

管钳的技术规范及适用范围见表 1-2-1。

表 1-2-1　管钳的技术规范及适用范围

长度	in❶	6	8	10	12	14	18	24	36	48
	mm	150	200	250	300	350	450	600	900	1200
夹持最大管子外径/mm		20	25	30	40	50	60	70	80	100
使用范围/mm		—	—	—	—	—	40 以下	50~62	62~76	76~100

1.2.4　任务实施

1.2.4.1　准备工作

① 正确穿戴劳保用品。

② 准备工具、用具见表 1-2-2。

③ 压力钳在工作台上安装牢固。

表 1-2-2　正确使用管钳工具、用具表

序号	工具、用具名称	规格	数量	序号	工具、用具名称	规格	数量
1	管钳	600mm	1把	8	工作台		1个
2	管钳	450mm	1把	9	压力钳		1把
3	管钳	350mm	1把	10	生料带		1卷
4	管钳	300mm	1把	11	管件		1套
5	管钳	250mm	1把	12	钢丝刷		1把
6	管钳	200mm	1把	13	黄油		适量
7	管钳	150mm	1把	14	棉纱		适量

1.2.4.2　操作过程

(1) 检查管钳及管件

① 根据管子直径或管件的大小，选择合适规格的管钳。

② 检查钳牙是否完好，有无油污。

③ 检查牙块销子是否松动，管钳的弹簧片是否完好。

---

❶ 1in=25.4mm。

④ 检查调整螺母开关是否灵活。

⑤ 检查管件有无毛刺、凹痕，用钢丝刷清理干净管件表面。

(2) 使用管钳上紧或卸松管件

① 将管件夹在压力钳上，在丝扣处缠生料带，用手将管件螺栓带上扣，旋转管钳调整螺母开关，将活动钳头旋转到适当开口处。

② 一手扶活动钳头，一手抓钳柄，将管钳的钳牙咬在管子上，咬紧后手掌下压。

③ 当钳柄压到一个角度后，抬起钳柄重复旋转，直到管件旋紧为止。

④ 若要卸松管件，按照相同使用方法沿卸扣方向卸下管件。

⑤ 完成后从压力钳上卸下管件。

(3) 保养管钳

① 旋转调整螺母，取下弹簧片清理调整螺母。

② 用钢丝刷刷扫管钳头及钳牙，组装好管钳。

③ 将管钳均匀涂抹少量黄油。

④ 合拢管钳钳口，将管钳放到指定地点或工具箱内。

1.2.5 归纳总结

① 使用管钳应先检查固定销钉是否牢固，钳头、钳柄有无裂痕，有裂痕者不能使用。

② 操作管钳时开口要合适，过紧过松都会引起打滑而咬不住管体。

③ 管钳不能反搭。

④ 不能将管钳当撬杠或榔头使用。

⑤ 使用较小的管钳时，用力不可过大，不能用加力杆猛压钳柄或锤击钳柄。

⑥ 使用后及时清洁、涂抹黄油，防止调整螺母生锈。

⑦ 应急处置：操作时发生人身意外伤害，应立即停止操作，脱离危险源后立即进行救治，如果伤情较重，立即拨打 120 急救电话送医院救治并汇报。

1.2.6 拓展链接

通常使用的管钳都是直管钳，在遇到狭小空间、靠近墙壁、大型管件时，使用直管钳就有一定的局限性。为此，衍生出了管钳的特殊型号。

(1) 斜管钳

斜管钳具有较长的手柄，可以保证快速而方便的夹紧管道。适用于靠近墙壁、狭小的空间和距离非常近的平行管道，斜管钳外形见图 1-2-2。

图 1-2-2 斜管钳

(2) 铲状钳

铲状钳具有紧凑钳口的设计，适用于在狭小空间操作方形或矩形材料，铲状钳外形见图 1-2-3。

图 1-2-3　铲状钳

（3）复合式杠杆管钳

复合式杠杆管钳具有由硬质合金钢材料制成的可更换的上下颚钳口，可以成倍的增加转动力矩。适用于放松锁紧的联轴器及生锈的接头。复合式杠杆管钳外形见图 1-2-4。

图 1-2-4　复合式杠杆管钳

（4）带钳

带钳使用坚韧耐用的尼龙带来夹紧管道，聚氨酯涂层的带子可以保护管道表面。适用于抛光过的管道。带钳外形见图 1-2-5。

图 1-2-5　带钳

（5）六角管钳

六角颚的设计适用于六角螺母、方形螺母、管接头及阀件上的螺母。窄小、平滑的颚适于在狭小空间的进行操作。加大开口设计的六角管钳尤其适用于台盆和水槽下排水道上的螺母。六角管钳外形见图 1-2-6。

图 1-2-6　六角管钳

（6）快抓管钳

快抓管钳可以单手操作，能显著提高工作效率。拥有弹簧加力的钳颚设计，可以迅速提供棘轮动作的效能。独特设计的复合式上下颚钳口，能够有效的夹紧管道。快抓管钳外形见图 1-2-7。

图 1-2-7 快抓管钳

（7）链管钳

链管钳也叫管子链条钳，具有双下颚钳设计，可正反双向作迅速棘轮动作。重负荷型链管钳可更换合金钢下颚钳，轻负荷型链管钳则为单片合金钢锻造手柄和下颚钳，适用于狭窄区域的管路操作。链管钳外形见图 1-2-8。

图 1-2-8 链管钳

（8）敲击管钳

敲击管钳厚实而宽大的钩夹顶部加工为一个光滑的平面，可以用作锤子使用。敲击管钳外形见图 1-2-9。

图 1-2-9 敲击管钳

1.2.7 思考练习

① 管钳的正确使用方向如何确定？

② 上紧或卸松管件过程中，管钳打滑或钳不住管件的原因是什么？

1.2.8 考核

1.2.8.1 考核规定

① 如违章操作，将停止考核。

② 考核采用百分制，考核权重：知识点（30%），技能点（70%）。

③ 考核方式：本项目为实际操作考题，考核过程按评分标准及操作过程进行评分。

④ 测量技能说明：本项目主要测试考生对使用管钳掌握的熟练程度。

1.2.8.2 考核时间

① 准备工作：1min（不计入考核时间）。

② 正式操作时间：5min。

③ 在规定时间内完成，到时停止操作。

1.2.8.3 考核记录表

正确使用管钳考核记录表见表 1-2-3。

表 1-2-3 正确使用管钳考核记录表

序号	考核内容	评分要素	配分	评分标准	备注
1	准备工作	选择工具、用具；劳保着装整齐，管钳1组，工作台1个，压力钳1把，生料带1卷，管件1套，钢丝刷1把，黄油、棉纱适量	5	未正确穿戴劳保不得进行操作，本次考核直接按照零分处理；未准备工具、用具及材料扣5分；少选一件扣1分	
2	检查管钳及管件	根据管子直径或管件的大小选择合适规格的管钳。检查钳牙、牙块销子、弹簧片、调整螺母。检查管件表面，用钢丝刷清理干净管件表面	30	选择管钳规格不合适扣10分；未检查钳牙是否完好，有无油污扣5分；未检查牙块销子是否松动扣5分；未检查管钳的弹簧片是否完好扣5分；未检查调整螺母开关是否灵活扣5分；未检查管件有无毛刺、凹痕扣5分；未用钢丝刷清理干净管件表面扣5分	
3	上紧或卸松管件	将管件夹在压力钳上缠好生料带，用手将管件螺栓带上扣。旋转管钳调节螺母开关，将活动钳头旋转到适当开口处，一手扶活动钳头，一手抓钳柄，将管钳的钳牙咬在管子上，咬紧后手掌下压。当钳柄压到一个角度后，抬起钳柄重复旋转，直到管件旋紧为止，完成后从压力钳上卸下管件	50	未将管件夹紧扣5分；未缠生料带扣5分；未用手将管件螺栓带上扣扣5分；活动钳头开口不合适扣5分；管钳松脱扣10分；用力方向不对扣5分；工具掉落扣10分；使用中敲击管钳扣10分；管钳打滑扣5分	
4	保养管钳	取下弹簧片清理调整螺母，用钢丝刷刷扫管钳头及钳牙，组装好管钳，将管钳均匀涂抹少量黄油。合拢管钳钳口，将管钳放到指定地点或工具箱内	10	未取下弹簧片清理调整螺母扣5分；未用钢丝刷刷扫管钳头及钳牙扣5分；未擦拭管钳扣5分；未清理干净油污泥沙等杂质扣5分；未将管钳均匀涂抹黄油扣5分；未合拢管钳钳口，将管钳放到指定地点或工具箱内扣5分	
5	清理场地	清理现场，收拾工具	5	未收拾保养工具扣2分；未清理现场扣3分；少收一件工具扣1分	
6	考核时限	5min，到时停止操作考核			
合计 100 分					

任务 3　正确使用手钢锯

手钢锯是由锯弓和锯条两部分组成的锯割金属的工具，锯弓的作用是张紧锯条，分为固定式和可调式两种；锯条的作用是锯割工件。

1.3.1　学习目标

通过学习，使学员掌握手钢锯的使用方法；能够正确检查手钢锯锯弓、拉紧螺母、方销状况；能够熟练进行锯条的安装与拆卸；能够熟练进行工件的锯割，能够正确保养与存放手钢锯；能够正确辨识违章行为，消除事故隐患；能够提高个人规避风险的能力，避免安全事故发生；能够在发生人身意外伤害时，进行应急处置。

1.3.2　学习任务

本次学习任务包括检查手钢锯，安装锯条，使用手钢锯锯割工件，保养手钢锯。

1.3.3　背景知识

1.3.3.1　锯弓的结构

手钢锯锯弓由活动锯弓架、手柄、拉紧螺母、锯条等部分组成，手钢锯结构如图 1-3-1 所示。

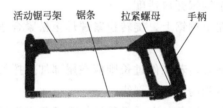

活动锯弓架　　锯条　　拉紧螺母　　手柄

图 1-3-1　手钢锯结构示意图

1.3.3.2　锯条的技术规范及适用范围

锯条长度以两端安装孔眼之间的距离计算，常用的锯条规格是 300mm。锯条按锯齿粗细分为：粗齿（18 齿/in）、中齿（24 齿/in）、细齿（32 齿/in）三种。粗齿锯条齿距大，适合锯割软质材料或更大的工件，细齿锯条齿距小，适合锯硬质材料。

1.3.3.3　锯割工件的技术要求

锯条往返要走直线，并用锯条全长进行锯割，使锯齿磨损均匀。推锯条时用压力，返回时不用压力，以减小摩擦降低锯条磨损。运锯速度适中，锯硬质工件每分钟拉 30～50 次，锯软质工件每分钟拉 50～60 次。

1.3.4　任务实施

1.3.4.1　准备工作

① 正确穿戴劳保用品。

② 准备工具、用具见表1-3-1。

③ 压力钳在工作台上安装牢固。

表 1-3-1　正确使用手钢锯工具、用具表

序号	工具、用具名称	规格	数量	序号	工具、用具名称	规格	数量
1	锯弓	300mm	1把	7	压力钳		1把
2	锯条	300mm	2根	8	钢丝刷		1把
3	管材	19mm	1根	9	机油		适量
4	划笔		1支	10	棉纱		适量
5	钢板尺	300mm	1把	11	支撑架		1个
6	工作台		1个				

1.3.4.2　操作过程

(1) 检查手钢锯及工件

① 检查锯弓是否平直，有无破损。

② 检查方销是否弯曲变形。

③ 检查拉紧螺母丝扣是否完好，杆体有无变形。

④ 检查压力钳是否完好，工件有无毛刺凹坑等伤痕，用钢丝刷清理工件表面锈迹。

(2) 安装锯条

① 检查锯条无弯曲变形，刃口完好无崩口。

② 调整拉紧螺母，使手钢锯开口适度。

③ 将锯条锯齿向前挂在手钢锯上，旋转拉紧螺母至松紧合适。

(3) 锯割工件

① 将工件在压力钳上夹紧，若工件过长则应在尾部加支撑架。

② 用钢板尺量出所要切割的长度，划线。

③ 起锯时，左手拇指靠近锯条，右手平稳推拉手柄割出锯口。

④ 检查锯口尺寸，向锯口处加入机油。

⑤ 锯割时，右手握住锯柄，左手压在锯弓前上部，身体稍向前倾，两脚距离适当，运锯时上身移动，两脚保持不动，并不断给锯口加入机油。

⑥ 工件快要锯断时，压力要轻，速度要慢，行程要小，并用手扶住被锯下部分，避免工件落地损坏或砸脚，再次测量长度进行验证。

(4) 保养手钢锯

① 用棉纱擦拭锯条及锯弓，卸下锯条。

② 将手钢锯及锯条均匀涂抹少量黄油。

③ 将手钢锯放到指定地点或工具箱内。

1.3.5　归纳总结

① 工件要求夹紧，工件伸出钳口不宜过长。

② 根据工件材质选择合适的锯条规格。

③ 安装锯条时锯齿必须向前，锯条不能过紧或过松，否则容易断。

④ 工件过小时应用三角锉或刀具起口，然后锯割。

⑤ 工件夹在台虎钳上时，锯割的位置尽量靠近钳口，按照预先画好的线仔细起锯。

⑥ 更换锯条应在重新起锯时更换，中途更换则易夹锯。

⑦ 锯割时应先从棱边倾斜锯割后再转向平面锯割，否则锯齿易折断。起锯采用远边起锯（即锯条的前端搭在工件上）或近边起锯（即锯条的后端搭上工件），起锯角度要小，约 15°。

⑧ 锯割时，两臂、两腿和上身协调一致，两臂稍弯曲，同时用力推进，退回时不要用力。

⑨ 锯割时，锯条往返走直线，并用锯条全长进行锯割。

⑩ 应急处置：操作时发生人身意外伤害，应立即停止操作，脱离危险源后立即进行救治，如果伤情较重，立即拨打 120 急救电话送医院救治并汇报。

1.3.6 拓展链接

较薄工件锯割时锯条容易因震动变形而夹锯，较厚工件锯割时因锯弓高度有限易造成卡阻，所以锯割这类工件时通常采用一些辅助手段。锯割较薄的工件时，可将工件底面垫上木板或金属片。锯割较厚的工件时，因锯弓的高度不够，可调几个方向锯割，如工件长度允许，可将锯条横装，加大锯口深度。

1.3.7 思考练习

① 锯割软质金属应采用哪种锯齿的锯条？

② 锯割较薄的工件时如何确保锯条不会崩裂或夹锯？

1.3.8 考核

1.3.8.1 考核规定

① 如违章操作，将停止考核。

② 考核采用百分制，考核权重：知识点（30%），技能点（70%）。

③ 考核方式：本项目为实际操作考题，考核过程按评分标准及操作过程进行评分。

④ 测量技能说明：本项目主要测试考生对使用手钢锯掌握的熟练程度。

1.3.8.2 考核时间

① 准备工作：1min（不计入考核时间）。

② 正式操作时间：10min。

③ 在规定时间内完成，到时停止操作。

1.3.8.3 考核记录表

正确使用手钢锯考核记录表见表 1-3-2。

表 1-3-2 正确使用手钢锯考核记录表

序号	考核内容	评 分 要 素	配分	评 分 标 准	备注
1	准备工作	选择工具、用具：劳保着装整齐，手钢锯 1 把，锯条 2 根，工作台 1 个，压力钳 1 把，19mm 管材 1 根，钢丝刷 1 把，300mm 钢板尺 1 把，划笔 1 支，黄油、棉纱适量，支撑架 1 个	5	未正确穿戴劳保不得进行操作，本次考核直接按零分处理；未准备工具、用具及材料扣 5 分；少选一件扣 1 分	

续表

序号	考核内容	评分要素	配分	评分标准	备注
2	检查手钢锯及工件	检查锯弓、检查方销、拉紧螺母完好；检查压力钳完好，工件无毛刺凹坑等伤痕；用钢丝刷清理工件表面锈迹	15	未检查锯弓是否平直、有无破损扣5分；未检查方销是否弯曲变形扣5分；未检查拉紧螺母丝扣是否完好、杆体有无变形扣5分；未检查压力钳完好扣3分；未检查工件有无毛刺凹坑等伤痕扣5分；未用钢丝刷清理工件表面锈迹扣5分	
3	安装锯条	检查锯条刃口，调整拉紧螺母，使手钢锯开口适度，将锯条锯齿向前挂在手钢锯上，旋转拉紧螺母至松紧合适	25	未检查锯条刃口是否完好扣5分；手钢锯开口不合适扣5分；锯条装反扣15分；锯条松紧不合适扣10分	
4	锯割工件	将工件在压力钳上夹紧，用钢板尺量出所要切割的长度划线。起锯并检查锯口尺寸，向锯口处加入机油。锯割并不断给锯口加入机油，锯断后测量长度进行验证	40	工件未夹紧扣5分；工件过长未加支撑架扣5分；丈量长度不准确扣5分；划线不准扣3分；起锯偏口扣5分；未加机油扣3分；运锯速度不符合要求扣5分；工件掉落扣10分；工件长度误差±1mm，每超出1mm扣3分	
5	保养手钢锯	擦拭锯条及锯弓，卸下锯条。将手钢锯及锯条均匀涂抹少量黄油保养并存放	10	未用棉纱擦拭锯条及锯弓扣3分；未卸下锯条扣5分；未将手钢锯及锯条涂抹黄油扣3分；未将手钢锯放到指定地点或工具箱内扣2分	
6	清理场地	清理现场，收拾工具	5	未收拾保养工具扣2分；未清理现场扣3分；少收一件工具扣1分	
7	考核时限	10min，到时停止操作考核			

合计 100 分

任务 4　正确使用试电笔

试电笔（低压试电笔）简称电笔，是用来检查测量低压导体和电器设备是否带电的一种常用工具。

1.4.1　学习目标

通过学习，使学员了解试电笔的作用，掌握试电笔的使用方法；能够判断电源电压是否可以使用试电笔，能够正确检查试电笔；能够熟练进行试电笔的预测试；能够使用试电笔进行检测；能够正确保养与存放试电笔；能够辨识违章行为，消除事故隐患；能够提高个人规避风险的能力，避免安全事故发生；能够在发生人身意外伤害时，进行应急处置。

1.4.2　学习任务

本次学习任务包括检查试电笔，进行试电笔的预测试，使用试电笔检测电器设备。

1.4.3 背景知识

1.4.3.1 试电笔的类型和测试范围

试电笔常做成钢笔式结构或小型螺丝刀结构，有氖管试电笔、感应式试电笔和数显试电笔。普通试电笔测量范围在 60～500V 之间，低于 60V 时试电笔的氖泡可能不发光，高于 500V 不能用普通试电笔来测量，否则容易造成人身触电事故。

1.4.3.2 氖管试电笔的结构与功能

氖管试电笔结构如图 1-4-1 所示，氖管试电笔具有以下功能。

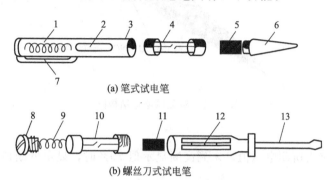

(a) 笔式试电笔

(b) 螺丝刀式试电笔

图 1-4-1 氖管试电笔结构图

1,9—弹簧；2,12—观察孔；3—笔身；4,10—氖管；5,11—安全电阻；
6—笔尖探头；7—金属笔挂；8—金属螺钉；13—刀体探头

(1) 判断电压高低

测试时可根据氖管发光的强弱来判断电压的高低。

(2) 区分相线与零线

交流电路中，当试电笔触及导线时，氖管发光的即为相线。正常情况下，触及零线是不会发光的。

(3) 区分直流电与交流电

交流电通过试电笔时，氖管里的两极同时发光；直流电通过试电笔时，氖管里的两极中只有一极发光。

(4) 区分直流电的正负极

把试电笔连接在直流电的正、负极之间，氖管中发光的一极即为直流电的负极。

(5) 判断相线是否碰壳

试电笔触及电机、变压器等电气设备外壳时，若氖管发光，说明该设备相线有碰壳现象。因为壳体上若有良好的接地装置，氖管是不会发光的。

(6) 判断相线是否接地

用试电笔触及正常供电的星形接法三相三线制交流电时，如果有两根相线比较亮，而另一根比较暗，则说明亮度较暗的相线与地有短路现象，但不太严重；如果两根相线很亮，而另一根不亮，则说明这一根相线与地短路。

1.4.3.3 数显试电笔的结构与功能

数显试电笔结构如图 1-4-2 所示。（A 键）DIRECT，直接测量按键（离液晶屏较近），也就是用笔头直接去接触线路时按此按钮；（B 键）INDUCTANCE，感应测量按键（离液晶屏较远），也就是用笔头感应接触线路时按此按钮。数显试电笔适用于直接检测 12～250V 的交/直流电电压和间接检测交流电的零线、相线和断点，还可测量不带电导体的通断。数显试电笔分 12V、36V、55V、110V 和 220V 五段电压值，液晶显示屏最后的数值为所测电压值。

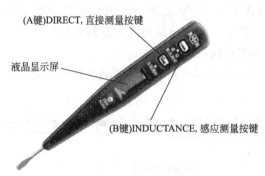

图 1-4-2　数显试电笔结构图

(1) 直接检测

显示屏最后数字为所测电压值，未到高断显示值 70％时，显示低断值，测量直流电时，应手碰另一极。

(2) 感应检测

轻触感应测量按键，测电笔金属前端靠近被检测物，若显示屏出现"高压符号"表示物体带交流电。测量断开的电线时，轻触感应测量按键，测电笔金属前端靠近该电线的绝缘外层。若有断线现象，在断点处"高压符号"消失。利用此功能可方便地分辨零线、相线（测并排线路时要增大线间距离），检测微波的辐射及泄漏情况等。

(3) 间接检测

按住感应测量按键，将笔头靠近电源线，如果电源线带电，数显电笔的显示器上将显示"高压符号"。

(4) 断点检测

按住感应测量按键，沿电线纵向移动时，显示窗内无显示处即为断点处。

1.4.4　任务实施

1.4.4.1　准备工作

① 正确穿戴劳保用品。

② 准备工具、用具见表 1-4-1。

③ 具备检测条件的工作电源和检测电器齐全，符合要求。

表 1-4-1　正确使用试电笔工具、用具表

序号	工具、用具名称	规格	数量	序号	工具、用具名称	规格	数量
1	氖管试电笔	500V	1 支	3	棉纱		适量
2	数显试电笔	250V	1 支	4	工作电源		1 套

1.4.4.2　操作过程

(1) 检查试电笔

① 检查氖管试电笔安全电阻完好，氖管无破损，金属探头无油污及破损。弹簧良好，

各部连接牢固。

② 检查数显试电笔金属探头无油污及破损，屏幕显示清晰，电量充足。笔身及按键完好。

（2）预测试

① 使用氖管试电笔检测工作电源火线，将拇指按在尾端金属部分上，食指、中指配合夹起试电笔插入电源孔内，观察氖管是否正常发亮。

② 使用数显试电笔检查工作电源火线，将拇指按在试电笔检测键上，食指、中指配合夹起试电笔插入电源孔内，观察显示屏显示数值是否与工作电压值一致。

（3）验电

① 使用氖管试电笔，将拇指按在尾端金属部分上，食指、中指配合夹起试电笔平伸手臂，使试电笔垂直于被测电气设备，缓慢接近测试点，接触测试点后，观察试电笔的氖管是否发光，若发光则该设备带电。

② 使用数显试电笔，将拇指按在试电笔检测键上，食指、中指配合夹起试电笔平伸手臂，使试电笔垂直于被测电气设备，缓慢接近测试点。接触测试点后，观察试电笔的显示屏，若被测电器带电，则屏幕显示最后数值为电压值。

（4）保养试电笔

① 用棉纱擦拭试电笔。

② 将试电笔放到指定地点或工具箱内。

1.4.5　归纳总结

① 使用试电笔前，要检查试电笔里有无安全电阻，再直观检查试电笔是否有损坏，有无受潮和进水，检查合格后方可使用。

② 在测量电器设备是否带电之前，先找一个已知电源用试电笔预检测，试电笔显示有电方可使用。

③ 使用试电笔时，一定要用手触及试电笔尾端的金属部分（数显试电笔拇指按在测试键上），否则造成误判，认为带电体无电是十分危险的。

④ 测试时，不能用手触及试电笔前端的金属探头，这样会造成触电事故。

⑤ 光线较强时，应仔细判别，必要时用另一只手遮光判断。

⑥ 测试时，试电笔金属探头应触及带电设备的裸露部分，不能接触在油漆、胶皮等绝缘物上。

⑦ 应急处置：操作时发生人身意外伤害，应立即停止操作，脱离危险源后立即进行救治，如果伤情较重，立即拨打 120 急救电话送医院救治并汇报。

1.4.6　拓展链接

掌握试电笔的原理，结合熟知的电工知识，人们将氖管试电笔验电技巧编成了口诀。

（1）判断交流电与直流电口诀

电笔判断交直流，交流明亮直流暗，交流氖管通身亮，直流氖管亮一端。

（2）判断直流电正负极口诀

电笔判断正负极，观察氖管要心细，前端明亮是负极，后端明亮为正极。

（3）判断直流电源有无接地、正负极接地的区别口诀

变电所直流系数，电笔触及不发亮；若亮靠近笔尖端，正极有接地故障；若亮靠近手指端，接地故障在负极。

（4）判断同相与异相口诀

判断两线相同异，两手各持一支笔，两脚与地相绝缘，两笔各触一要线，用眼观看一支笔，不亮同相亮为异。

1.4.7 思考练习

① 用试电笔检测配电箱外壳时，金属探头应触碰箱体哪个部位？
② 光线较强时，如何确保氖管试电笔的观察效果？

1.4.8 考核

1.4.8.1 考核规定

① 如违章操作，将停止考核。
② 考核采用百分制，考核权重：知识点（30%），技能点（70%）。
③ 考核方式：本项目为实际操作考题，考核过程按评分标准及操作过程进行评分。
④ 测量技能说明：本项目主要测试考生对使用试电笔掌握的熟练程度。

1.4.8.2 考核时间

① 准备工作：1min（不计入考核时间）。
② 正式操作时间：5min。
③ 在规定时间内完成，到时停止操作。

1.4.8.3 考核记录表

正确使用试电笔考核记录表见表1-4-2。

表 1-4-2 正确使用试电笔考核记录表

序号	考核内容	评分要素	配分	评 分 标 准	备注
1	准备工作	选择工具、用具:劳保着装整齐,氖管试电笔、数显试电笔各1支,工作电源1个,棉纱适量	5	未正确穿戴劳保不得进行操作,本次考核直接按零分处理;未准备工具、用具及材料扣5分;少选一件扣1分	
2	检查试电笔	检查氖管试电笔安全电阻、氖管、金属探头、弹簧良好,各部连接牢固 检查数显试电笔金属探头、屏幕、电量、笔身及按键完好	15	未检查氖管试电笔安全电阻是否完好扣5分;未检查氖管有无破损扣5分;未检查金属探头有无油污及破损扣5分;未检查弹簧状况扣5分;未检查各部连接是否牢固扣5分;未检查数显试电笔金属探头扣5分;未检查屏幕显示效果扣5分;未检查电量是否充足扣5分;未检查笔身及按键是否完好扣5分	
3	预测试	使用氖管试电笔检测工作电源火线,观察氖管是否正常发亮 使用数显试电笔检查工作电源火线,观察显示屏显示数值是否与工作电压值一致	30	未进行预测试停止操作;握笔姿势不正确扣5分;手指接触金属探头扣20分;试电笔未垂直于检测点扣10分;观察氖管发亮情况不准确扣10分;读取屏幕数值错误扣10分;判断结果不准确扣20分	

续表

序号	考核内容	评 分 要 素	配分	评 分 标 准	备注
4	验电	使用氖管试电笔，平伸手臂，使试电笔垂直于被测电气设备，缓慢接近测试点 接触测试点后，观察试电笔的氖管是否发光 使用数显试电笔，接触测试点后，观察试电笔的显示屏屏幕显示数值	45	握笔姿势不正确扣 5 分；手指接触金属探头扣 20 分；试电笔未垂直于检测点扣 10 分；观察氖管发亮情况不准确扣 10 分，读取屏幕数值错误扣 10 分，判断结果不准扣 20 分	
5	清理场地	清理现场，收拾工具	5	未收拾保养工具扣 2 分；未清理现场扣 3 分；少收一件工具扣 1 分	
6	考核时限	5min，到时停止操作考核			
合计 100 分					

任务 5　正确使用水平仪

水平仪是一种常用的平面测量仪器，主要用于检验各种设备的平直度，并可检验微小倾角。由于水平仪的构造简单，使用方便，测量精度较高，因此，水平仪是机床制造、安装和修理中最基本的一种检验工具。

1.5.1　学习目标

通过学习，使学员了解水平仪的作用，掌握水平仪的使用方法；能够根据设备水平度要求选择合适规格的水平仪，能够正确检查水平仪及校正水平仪误差；能够熟练运用水平仪进行水平检测；能够准确读取水平仪读数；能够保养与存放水平仪；能够辨识违章行为，消除事故隐患；能够提高个人规避风险的能力，避免安全事故发生；能够在发生人身意外伤害时，进行应急处置。

1.5.2　学习任务

本次学习任务包括检查水平仪，利用水平仪检查水平，保养水平仪。

1.5.3　背景知识

1.5.3.1　水平仪的类型和测试范围

水平仪分为条式水平仪和框式水平仪两种。条式水平仪的底平面为工作面，中间制成 V 形槽，以便安装在圆柱面上测量。框式水平仪的每个侧面都可作为工作面，各侧面都保持精确的直角关系。条式水平仪可用来测量相对于水平位置的微小倾斜角度、工作面直线度、平面度及各工作面的相互平行度；框式水平仪除包含条式水平仪的功能外，还可测量相对于铅垂位置以下工作面相对于水平位置的微小倾斜角度，是用于调整各种机床导轨表面的水平和铅垂安装及各导轨表面相互平行度、垂直度的一种通用小角度计量器具。

(1) 条式水平仪

条式水平仪由作为工作平面的 V 形底平面和与工作平面平行的水准器（俗称气泡）两部分组成。图 1-5-1 是常用的条式水平仪，其工作平面的平直度和水准器与工作平面的平行度都做得很精确。当水平仪的底平面放在准确的水平位置时，水准器内的气泡正好在中间位置（即水平位置）。在水准器玻璃管内气泡刻线为零线的两边，刻有不少于 8 格的刻度，刻线间距为 2mm。当水平仪的底平面与水平位置有微小的差别时，也就是水平仪底平面两端有高低差时，水准器内的气泡由于地心引力的作用总是往水准器的最高一侧移动，这就是水平仪的使用依据。两端高低相差不多时，气泡移动也不多，两端高低相差较大时，气泡移动也较大，在水准器的刻度上就可读出两端高低的差值。如条式水平仪分度值为 0.03mm/m 时，即表示气泡移动一格时，被测量长度为 1m 的两端上，高低相差 0.03mm。

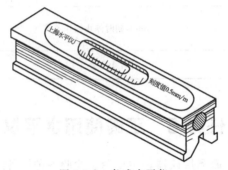

图 1-5-1 条式水平仪

(2) 框式水平仪

框式水平仪主要由框架、弧形玻璃管主水准器、调整水准组成。利用水平仪上水准泡的移动来测量被测部位角度的变化。框架的测量面有平面和 V 形槽，V 形槽便于在圆柱面上测量。弧形玻璃管的表面上有刻线，内装乙醚（或酒精），并留有一个水准泡，水准泡总是停留在玻璃管内的最高处。若水平仪倾斜一个角度，气泡就向左或向右移动，根据移动的距离（格数），直接或通过计算即可知道被测工件的直线度，平面度或垂直度误差。框式水平仪结构如图 1-5-2 所示。

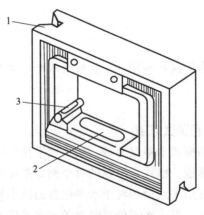

图 1-5-2 框式水平仪

1—框架；2—弧形玻璃管主水准器；3—调整水准

1.5.3.2 水平仪的尺寸规范

水平仪的尺寸规范见表 1-5-1。

表 1-5-1 水平仪的尺寸规范

品种	外形尺寸/mm			标称分度值	
	长	宽	高	组别	mm/m
框式	100	25～35	100	Ⅰ	0.02
	150	30～40	150		
	200	35～40	200		
	250	40～50	250	Ⅱ	0.03～0.05
	300		300		
条式	100	30～35	35～40		
	150	35～40	35～45		
	200	40～45	40～50	Ⅲ	0.06～0.15
	250				
	300				

1.5.3.3 水平仪的读数方法

水平仪刻度值用角度（秒）或斜率表示，实际倾斜值＝水平仪标称分度值×水平仪长度 L×平均偏差格数，例如：标称分度值为 2mm/m，水平仪长度 $L=200$mm，三次测量的偏差格数分别为 2 格、2 格、3 格，则实际倾斜值＝2/1000×200×(2＋2＋3)/3＝0.93mm。

水平仪偏差格数的读数方法有直接读数法和平均读数法两种。

(1) 直接读数法

以气泡两端的长刻线作为零线，气泡相对零线移动格数作为读数，这种读数方法最为常用，图 1-5-3 表示水平仪处于水平位置，气泡两端位于长线上，读数为"0"。图 1-5-4 表示水平仪逆时针方向倾斜，气泡向右移动，图示位置读数为"＋2"。图 1-5-5 表示水平仪顺时针方向倾斜，气泡向左移动，图示位置读数为"－3"。

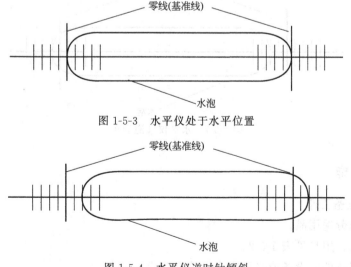

图 1-5-3 水平仪处于水平位置

图 1-5-4 水平仪逆时针倾斜

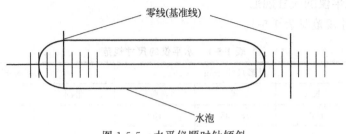

图 1-5-5　水平仪顺时针倾斜

(2) 平均读数法

由于环境温度变化较大，使气泡变长或缩短，引起读数误差而影响测量的正确性，为避免此种情况，可采用平均读数法，以消除读数误差。平均读数法读数是分别从两条长刻线起，向气泡移动方向读至气泡端点止，然后取这两个读数的平均值作为这次测量的读数值。图 1-5-6 表示由于环境温度较高，气泡变长，测量位置使气泡左移。读数时，从左边长刻线起，向左读数"－3"；从右边长刻线起，向左读数"－2"。取这两个读数的平均值，作为这次测量的读数值。图 1-5-7 表示，由于环境温度较低，气泡缩短，测量位置使气泡右移，按上述读数方法，读数分别为"＋2"和"＋1"，则测量的读数值是"＋1.5"。

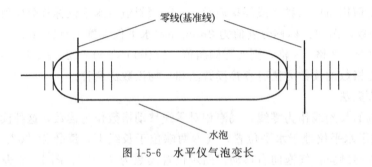

图 1-5-6　水平仪气泡变长

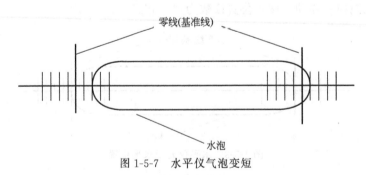

图 1-5-7　水平仪气泡变短

1.5.4　任务实施

1.5.4.1　准备工作

① 正确穿戴劳保用品。

② 准备工具、用具见表 1-5-2。

③ 具备检测条件的设备或平面齐全，符合要求。

表 1-5-2 正确使用水平仪工具、用具表

序号	工具、用具名称	规格	数量	序号	工具、用具名称	规格	数量
1	水平仪	100mm	1 支	9	砂纸		1 张
2	水平仪	150mm	1 支	10	垫片		若干
3	水平仪	200mm	1 支	11	黄油		适量
4	水平仪	250mm	1 支	12	棉纱		适量
5	水平仪	300mm	1 支	13	油纸		1 张
6	塞尺		1 把	14	记录纸		1 张
7	游标卡尺	150mm	1 把	15	记录笔		1 支
8	铲刀		1 把				

1.5.4.2 操作过程

（1）检查水平仪

① 检查水平仪是否有出厂合格证，检验证书是否在有效期内。

② 检查水准器气泡管有无破漏，水准器刻度是否清晰。

③ 擦拭测量面并检查测量面有无划伤、锈蚀、毛刺等缺陷。

④ 检查零位是否正确，若不准，对可调式水平仪应进行调整。检查零位方法为：将水平仪放在平板上，读出气泡管的刻度，在平板的平面同一位置上，将水平仪左右反转 180°，然后读出气泡管的刻度，若读数相同，则水平仪零位准确，否则需使用备用的调整针插入调整孔进行上下调整。

（2）检测水平

① 选择好放置水平仪的位置，用铲刀和砂纸清理测量部位，确保测量面无砂粒、杂物。

② 将水平仪放在测量位置贴紧，读出气泡刻度值并记录。

③ 将水平仪两端对调，换向多次测量，算出测量结果平均值。

④ 当气泡超出可读范围时，可在低端垫塞尺直至可读，记录塞尺数值。无塞尺时也可使用垫片垫在水平尺低端直至可读，然后用游标卡尺测量垫片厚度，代入公式即可计算。

（3）保养水平仪

① 用棉纱擦拭水平仪，清理油污泥沙等杂质。

② 将水平仪均匀涂抹少量黄油。

③ 将水平仪用油纸包好，放到指定地点或工具箱内。

1.5.5 归纳总结

① 使用水平仪时，要保证水平仪工作面和被测表面的清洁，防止脏物影响测量的准确性。

② 水平仪的两个 V 形测量面是测量精度的基准，在测量中不能与工作的粗糙面接触或摩擦。安放时必须小心轻放，避免因测量面划伤而损坏水平仪和造成不应有的测量误差。

③ 测量水平面时，在同一个测量位置上，应将水平仪调过相反的方向再进行测量。当移动水平仪时，不允许水平仪工作面与工件表面发生摩擦，应该提起来放置。测量时使水平仪工作面紧贴被测表面，待气泡静止后方可读数。

④ 读数时，视线应垂直于水准器，以减小视差对测量结果的影响。

⑤ 测量时应避免温度的影响，注意阳光直射、哈气、手热等因素。

⑥ 用框式水平仪测量工件的垂直面时，不能握住与副侧面相对的部位用力向工件垂直平面推压，这样会因水平仪的受力变形影响测量的准确性。

⑦ 应急处置：操作时发生人身意外伤害，应立即停止操作，脱离危险源后立即进行救治，如果伤情较重，立即拨打120急救电话送医院救治并汇报。

1.5.6 拓展链接

为提高测量精度，在普通水平仪的基础上，人们又研制出了光学合像水平仪。

光学合像水平仪主要由测微螺杆、杠杆系统、水准器、光学合像棱镜和具有 V 形工作平面的底座等组成，广泛用于精密机械中，测量工件的平面度、直线度和找正安装设备的正确位置。光学合像水平仪外形见图 1-5-8。光学合像水平仪的水准器安装在杠杆架的底板上，它的水平位置用微动旋钮通过测微螺杆与杠杆系统进行调整。水准器内的气泡圆弧，分别用三个不同方向位置的棱镜反射至观察窗，分成两个半像，利用光学原理把气泡像复合放大（放大 5 倍），提高读数精度，并通过杠杆机构提高读数的灵敏度和增大测量范围。其使用特点：测量工件被测表面误差大或倾斜程度大时，使用框式水平仪，气泡就会移至极限位置而无法测量，光学合像水平仪就没有这一弊病。环境温度变化对测量精度有较大的影响，所以使用时应尽量避免工件和水平仪受热。

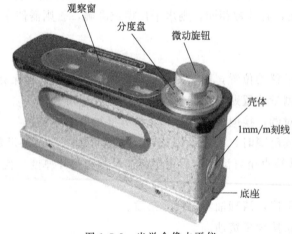

图 1-5-8 光学合像水平仪

1.5.7 思考练习

① 使用水平仪测量设备水平时如何提高测量精度？
② 设备不平度超出气泡可读范围时如何进行测量？

1.5.8 考核

1.5.8.1 考核规定

① 如违章操作，将停止考核。
② 考核采用百分制，考核权重：知识点（30%），技能点（70%）。
③ 考核方式：本项目为实际操作考题，考核过程按评分标准及操作过程进行评分。

④ 测量技能说明：本项目主要测试考生对使用水平仪掌握的熟练程度。

1.5.8.2　考核时间

① 准备工作：1min（不计入考核时间）。

② 正式操作时间：8min。

③ 在规定时间内完成，到时停止操作。

1.5.8.3　考核记录表

正确使用水平仪考核记录表见表1-5-3。

表 1-5-3　正确使用水平仪考核记录表

序号	考核内容	评分要素	配分	评分标准	备注
1	准备工作	选择工具、用具：劳保着装整齐，水平仪1组，150mm游标卡尺1把，塞尺1把，铲刀1把，砂纸1张，垫片若干，黄油、棉纱适量，油纸1张，记录纸1张，记录笔1支	5	未正确穿戴劳保不得进行操作，本次考核直接按零分处理；未准备工具、用具及材料扣5分；少选一件扣1分	
2	检查水平仪	检查水平仪出厂合格证、水准器气泡管、测量面。检查零位是否正确	20	未检查水平仪是否有出厂合格证扣5分；未检查检验证书是否在有效期内扣5分；未检查水准器气泡管有无破漏扣5分；未检查水准器刻度是否清晰扣5分；未擦拭测量面并检查测量面有无划伤、锈蚀、毛刺等缺陷扣5分；未检查零位是否准确扣5分；调整方法不正确扣5分	
3	检测水平	清理测量部位，将水平仪放在测量位置贴紧，读出气泡刻度值并记录。将水平仪两端对调，换向多次测量，算出测量结果平均值	60	水平仪放置位置不当扣5分；未用铲刀和砂纸清理测量部位扣5分；未将水平仪放在测量位置贴紧扣5分；气泡刻度值读值不准扣5分；未进行记录扣3分；未将水平仪两端对调扣5分；未换向多次测量算出平均值扣10分；当气泡超出可读范围时未在低端垫塞尺扣5分	
4	保养水平仪	擦拭水平仪，清理油污、泥沙等杂质，将水平仪涂抹黄油保养并存放	10	未用棉纱擦拭水平仪扣3分；未将水平仪涂抹黄油扣5分；未将水平仪用油纸包好扣2分；未放到指定地点或工具箱内扣3分	
5	清理场地	清理现场，收拾工具	5	未收拾保养工具扣2分；未清理现场扣3分；少收一件工具扣1分	
6	考核时限			8min，到时停止操作考核	

合计 100 分

任务 6　正确使用千斤顶

千斤顶是一种用钢性顶举件作为工作装置，通过顶部托座或底部托爪在行程内顶升重物的轻小起重设备。

1.6.1 学习目标

通过学习，使学员了解千斤顶的作用，掌握千斤顶的使用方法；能够根据设备起重量要求选择合适规格的千斤顶，能够正确检查千斤顶及处理千斤顶缺油故障；能够熟练判断起重物的重心，准确安放千斤顶；能够正确使用千斤顶进行重物顶升；能够正确安装支撑物；能够正确进行千斤顶卸载；能够正确保养与存放千斤顶；能够辨识违章行为，消除事故隐患；能够提高个人规避风险的能力，避免安全事故发生；能够在发生人身意外伤害时，进行应急处置。

1.6.2 学习任务

本次学习任务包括检查千斤顶，利用千斤顶顶升重物，保养千斤顶。

1.6.3 背景知识

(1) 千斤顶按照原理分类

千斤顶按照原理分为机械千斤顶和液压千斤顶两种。从原理上来说，液压千斤顶的原理为帕斯卡原理，即：液体各处的压强是一致的。这样，在平衡的系统中，比较小的活塞上面施加的压力比较小，而大的活塞上施加的压力也比较大，这样能够保持液体的静止。所以，通过液体的传递，可以得到不同端上不同的压力，就可以达到一个变换的目的。我们所常见到的液压千斤顶就是利用了这个原理来进行力的传递。液压千斤顶结构见图 1-6-1。机械千斤顶采用机械原理，以往复扳动手柄、拔爪即推动棘轮间隙回转，小伞齿轮带动大伞齿轮，使举重螺杆旋转，升降套筒起升或下降，而达到起重拉力的功能，但其结构不如液压千斤顶简易。

调整螺杆
活塞
液压缸
打压泵
回油阀
底　打压泵手

图 1-6-1　液压千斤顶

(2) 千斤顶按照结构特征分类

千斤顶按结构特征又可分为齿条千斤顶、螺旋（机械）千斤顶和液压（油压）千斤顶。

① 齿条千斤顶：由人力通过杠杆和齿轮带动齿条顶举重物。起重量一般不超过 20t，可长期支持重物，主要用在作业条件不方便的地方或需要利用下部的托爪提升重物的场合，如铁路起轨作业。

② 螺旋（机械）千斤顶：由人力通过螺旋副传动，螺杆或螺母套筒作为顶举件。普通螺旋千斤顶靠螺纹自锁作用支持重物，构造简单，但传动效率低，返程慢。自降螺旋千斤顶

的螺纹无自锁作用，但装有制动器。放松制动器，重物即可自行快速下降，缩短返程时间，但这种千斤顶构造较复杂。螺旋千斤顶能长期支持重物，最大起重量已达 100t，应用较广。其下部装上水平螺杆后，还能使重物做小距离横移。

③ 液压（油压）千斤顶：由人力或电力驱动液压泵，通过液压系统传动，用缸体或活塞作为顶举件。液压千斤顶可分为整体式和分离式，整体式的泵与液压缸联成一体，分离式的泵与液压缸分离，中间用高压软管相连。液压千斤顶结构紧凑，能平稳顶升重物，起重量最大达 1000t，传动效率较高，故应用较广，常用液压千斤顶规格见表 1-6-1。液压千斤顶的缺点是易漏油，不宜长期支持重物，如长期支撑需选用自锁千斤顶。

螺旋千斤顶和液压千斤顶为进一步降低外形高度或增大顶举距离，可做成多级伸缩式。液压千斤顶除上述基本型式外，按同样原理可改装成滑升模板千斤顶、液压升降台、张拉机等，用于各种特殊施工场合。

表 1-6-1 常用液压千斤顶规格表

型号	额定起重量/t	最低高度/mm	起升高度/mm	调整高度/mm	净重/kg
QYL2	2	158	90	60	(2)2
QYL3	3	195	125	60	3.5
QYL5	5	200	125	80	4.6
QYL8	8	236	160	80	6.9
QYL10	10	240	160	80	7.3
QYL12	12	245	160	80	9.3
QYL16	16	250	160	80	11.0
QYL20	20	280	180	—	15.0
QYL32	32	285	180	—	23.0
QYL50	50	300	180	—	33.5

（3）千斤顶按照其他方式分类

按其他方式可分类为爪式千斤顶、卧式千斤顶、分离式千斤顶、同步千斤顶、一体式千斤顶、电动千斤顶等。

1.6.4 任务实施

1.6.4.1 准备工作

① 正确穿戴劳保用品。

② 准备工具、用具见表 1-6-2。

③ 具备顶升条件的设备齐全，场地符合要求。

表 1-6-2 正确使用千斤顶工具、用具表

序号	工具、用具名称	规格	数量	序号	工具、用具名称	规格	数量
1	液压千斤顶	2t	2 台	5	钢板		1 块
2	液压千斤顶	5t	2 台	6	棉纱		适量
3	液压千斤顶	10t	2 台	7	液压油		适量
4	枕木		1 组	8	黄油		适量

1.6.4.2 操作过程

(1) 检查千斤顶

① 检查千斤顶是否有出厂合格证,检验证书是否在有效期内。

② 检查调整螺杆是否灵活,旋动螺纹有无阻塞现象。

③ 检查回油阀是否密封,回油阀杆是否完好。

④ 检查撬手是否灵活,撬手孔有无变形。

⑤ 检查千斤顶本体有无损伤,底座平整有无变形或缺损。

⑥ 将手柄的开槽端套入回油阀杆按顺时针方向旋紧,手柄插入撬手孔内上下撬动进行试顶。

⑦ 检查回油阀有无漏失,千斤顶顶升是否正常。

⑧ 用手柄开槽端将回油阀杆按逆时针方向微微旋松,压下活塞。

(2) 使用千斤顶顶升重物

① 估计起重量,选择合适承载能力的千斤顶。

② 确定起重物的重心,选择千斤顶着力点,观察地面软硬程度,垫以钢板或枕木,放置平稳,以免负重下陷或倾斜。

③ 将手柄的开槽端套入回油阀杆按顺时针方向旋紧。

④ 将千斤顶放在被顶重物下端,旋转调整螺杆,接近到被顶物面。

⑤ 手柄插入撬手孔内上下撬动,将重物试顶起一部分,检查液压千斤顶有无异常,若发现垫板受压后不平整、不牢固或液压千斤顶有倾斜时,必须将液压千斤顶卸压回程,处理好后方可再次操作。

⑥ 继续顶升到规定位置后,用支撑物将重物支撑牢固。

⑦ 用手柄开槽端将回油阀杆按逆时针方向微微旋松,活塞杆即缓缓下降;回油阀杆旋转不能太快,否则下降速度过大将产生危险。

(3) 保养千斤顶

① 取出千斤顶,旋回调整螺杆,压下活塞,旋紧回油阀。

② 用棉纱擦拭千斤顶,清理油污、泥沙等杂质。

③ 将千斤顶均匀涂抹少量黄油,放到指定地点或工具箱内。

1.6.5 归纳总结

① 选择液压千斤顶的承载能力需大于重物重力的 1.2 倍,选用液压千斤顶的最小高度应与重物底部施力处的净空相适应,便于取出。

② 若顶升重物一端只用一台液压千斤顶时,则应将液压千斤顶放置在重物的对称轴线上,并使液压千斤顶底座长的方向和重物易倾倒的方向一致。若重物一端使用两台液压千斤顶时,其底座的方向应略呈八字形对称放置于重物对称轴线两侧。

③ 使用多台液压千斤顶顶升同一设备时,应选用同一型号的液压千斤顶,每台液压千斤顶的额定起重量之和不得小于所承担设备重力的 1.5 倍,且统一指挥、协调一致、同时升降。

④ 使用时如出现空打现象,可先放松泵体上的放油螺钉,将泵体垂直起来头向下空打几下,然后旋紧放油螺钉,方可继续使用。

⑤ 禁止将千斤顶作为支撑物使用,长时间支撑重物应选用自锁式千斤顶。

⑥ 使用过程中应避免千斤顶剧烈振动。

⑦ 液压千斤顶只能直立使用，不能倒向或侧立使用，也不适宜在有酸碱，腐蚀性气体的场所使用。

⑧ 应急处置：操作时发生人身意外伤害，应立即停止操作，脱离危险源后立即进行救治，如果伤情较重，立即拨打 120 急救电话送医院救治并汇报。

1.6.6　拓展链接

千斤顶的检验项目及要求有以下几项。

(1) 安全项目

千斤顶的构造应保证在最大起升高度时，齿条、螺杆、柱塞不能从底座的筒体中脱出。齿条、螺杆、柱塞在表 1-6-1 中规定的起重量下不得失去稳定。当千斤顶置于与水平面成 60°角的支承面上，齿条、螺杆、柱塞在最大起升高度，顶头中心受垂直于水平面的额定载荷，并且不少于 3min 时，各部位不得有塑性变形或其他异常现象。

(2) 外观质量

产品外表面按规定喷涂油漆，油漆应黏附牢固、涂层表面均匀、色泽一致，不得有明显的斑点、皱皮、气泡等缺陷。裸露在外的加工表面应作防锈处理。

(3) 动载试验

在室温下把千斤顶放在能满足动载试验要求的设备上，油压千斤顶应满足 JB/T 2104—2002《油压千斤顶》中 5.1.2.1 的规定，螺旋千斤顶应满足 JB/T 2592—2017《螺旋千斤顶》中 5.1.2.1 的规定。

(4) 静载试验

在室温下，按标准规定的方法，对千斤顶加试验载荷，油压千斤顶应满足 JB/T 2104—2002《油压千斤顶》中 5.1.1.3 的规定，螺旋千斤顶应满足 JB/T 2592—2017《螺旋千斤顶》中 5.1.2.1 的规定。

(5) 手柄作用力

在额定起重量的试验载荷作用下，距手柄端部 50mm 处测定操作力，其作用力应垂直于手柄轴线，所测结果应符合标准规定。

(6) 空载试验

在空载状态下进行动作检验时，千斤顶各运转机构应灵活可靠，在全行程范围内无松紧现象，上升应平稳，限位可靠。

(7) 其他项目

油压千斤顶还应在出厂前进行调整检验、活塞杆压下力试验、密封性检查、下降量检验、高温密封性检验。螺旋千斤顶应进行超载检验。

(8) 型式试验项目

油压千斤顶的型式试验项目包括容积效率检验、倾斜加载检验、永久变形检查、连续工作试验、内部杂质含量检验、高低温工作性能检验；螺旋千斤顶的型式试验项目包括静载试验、倾斜加载检验、永久变形检验、寿命试验等。

1.6.7　思考练习

① 千斤顶顶升重物时安放位置如何确定？

② 千斤顶使用中出现空打现象如何处理？

1.6.8 考核

1.6.8.1 考核规定

① 如违章操作,将停止考核。

② 考核采用百分制,考核权重:知识点(30%),技能点(70%)。

③ 考核方式:本项目为实际操作考题,考核过程按评分标准及操作过程进行评分。

④ 测量技能说明:本项目主要测试考生对使用千斤顶掌握的熟练程度。

1.6.8.2 考核时间

① 准备工作:1min(不计入考核时间)。

② 正式操作时间:10min。

③ 在规定时间内完成,到时停止操作。

1.6.8.3 考核记录表

正确使用千斤顶考核记录表见表1-6-3。

表1-6-3　正确使用千斤顶考核记录表

序号	考核内容	评分要素	配分	评分标准	备注
1	准备工作	选择工具、用具:劳保着装整齐,2t液压千斤顶2台,5t液压千斤顶2台,10t液压千斤顶2台,钢板1块,枕木1组,液压油适量,棉纱若干,黄油适量	5	未正确穿戴劳保不得进行操作,本次考核直接按零分处理;未准备工具、用具及材料扣5分;少选一件扣1分	
2	检查千斤顶	检查千斤顶出厂合格证、调整螺杆、回油阀、撬手及本体。旋紧回油阀,手柄插入撬手孔内上下撬动试顶。检查回油阀有无漏失,千斤顶顶升是否正常。旋松回油阀,压下活塞	20	未检查千斤顶是否有出厂合格证扣5分;未检查调整螺杆是否灵活扣3分;未检查回油阀是否密封、回油阀杆是否完好扣5分;未检查撬手是否灵活扣3分;未检查千斤顶本体、底座平整有无变形或缺损扣5分;未旋紧回油阀扣5分;未进行试顶扣10分;未检查回油阀有无漏失,千斤顶顶升是否正常扣5分;未旋松回油阀杆压下活塞扣5分	
3	使用千斤顶顶升重物	选择合适承载能力的千斤顶,确定起重物的重心。旋紧回油阀,将千斤顶放在被顶重物下端,旋转调整螺杆,接近到被顶物面。试顶重物,检查液压千斤顶有无异常。继续顶升到规定位置后,用支撑物将重物支撑牢固,旋松回油阀	60	估计起重量不准扣5分;选择千斤顶规格不合适扣5分;千斤顶着力点选择错误扣5分;着力点未垫以钢板或枕木扣5分;千斤顶安放不稳扣3分;未旋紧回油阀扣5分;未旋转调整螺杆扣5分;未进行试顶扣10分;试顶后未检查千斤顶扣5分;千斤顶有倾斜时,未将千斤顶卸压回程处理扣10分;未用支撑物将重物支撑牢固扣5分;未旋松回油阀扣5分;活塞杆下降速度过快扣5分	
4	保养千斤顶	取出千斤顶,旋回调整螺杆,压下活塞,旋紧回油阀。清理干净千斤顶,涂油并存放	10	未取出千斤顶扣5分;未旋回调整螺杆扣3分;未压下活塞扣3分;未旋紧回油阀扣5分;未擦拭千斤顶扣3分;未将千斤顶涂油保养扣3分;未放到指定地点或工具箱内扣3分	
5	清理场地	清理现场,收拾工具	5	未收拾保养工具扣2分;未清理现场扣3分;少收一件工具扣1分	
6	考核时限	10min,到时停止操作考核			
		合计100分			

任务 7 正确使用游标卡尺

游标卡尺是工业上常用的测量长度的仪器，它由尺身及能在尺身上滑动的游标组成，尺身和游标都有量爪，利用外测量爪可以测量零件的厚度和管的外径，利用内测量爪可以测量槽的宽度和管的内径，深度尺与游标尺连在一起，可以测槽和筒的深度。游标卡尺的测量精度有 0.1mm、0.05mm、0.02mm 三种，常用的游标卡尺有 150mm 和 200mm 两种规格。

1.7.1 学习目标

通过学习，使学员了解游标卡尺的作用，掌握游标卡尺的使用方法；能够根据被测件选择合适规格的游标卡尺，能够正确检查游标卡尺；能够熟练运用游标卡尺进行被测件内径、外径及深度的检测；能够准确读取游标卡尺读数；能够掌握提高测量准确性的方法；能够正确保养与存放游标卡尺；能够辨识违章行为，消除事故隐患；能够提高个人规避风险的能力，避免安全事故发生；能够在发生人身意外伤害时，进行应急处置。

1.7.2 学习任务

本次学习任务包括检查游标卡尺，利用游标卡尺测量内径、外径及深度，保养游标卡尺。

1.7.3 背景知识

1.7.3.1 游标卡尺的结构形式及部件名称

游标卡尺有三种结构型式。

(1) 测量范围为 0~125mm 的游标卡尺

制成带有刀口形的上下量爪和带有深度尺的型式，深度尺固定在尺框的背面，能随着尺框在尺身的导向凹槽中移动，测量深度时，应把尺身尾部的端面靠紧在零件的测量基准平面上，如图 1-7-1 所示。

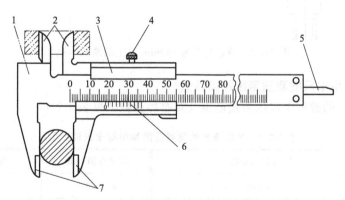

图 1-7-1 测量范围为 0~125mm 的游标卡尺
1—尺身；2—上量爪；3—尺框；4—固定螺钉；5—深度尺；6—游标；7—下量爪

(2) 测量范围为 0~200mm 和 0~300mm 的游标卡尺

制成带有内外测量面的下量爪和带有刀口形的上量爪的型式，带有随尺框作微动调整的微动装置，使用时，先用固定螺钉把微动装置固定在尺身上，再转动微动螺母，活动量爪就能随同尺框作微量的前进或后退。微动装置的作用是使游标卡尺在测量时用力均匀，便于调整测量压力，减少测量误差，如图 1-7-2 所示。

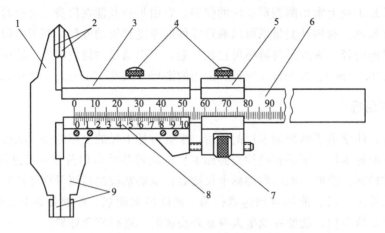

图 1-7-2　测量范围为 0～200mm 和 0～300mm 的游标卡尺
1—尺身；2—上量爪；3—尺框；4—固定螺钉；5—微动装置；
6—主尺；7—微动螺母；8—游标；9—下量爪

（3）测量范围为 300mm 以上的游标卡尺

制成只带有内外测量面的下量爪的型式，如图 1-7-3 所示。

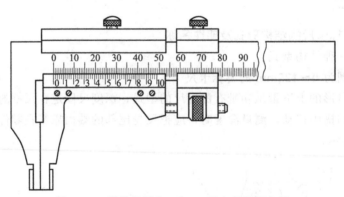

图 1-7-3　测量范围为 300mm 以上的游标卡尺

1.7.3.2　游标卡尺的测量范围及读数值

目前我国生产的游标卡尺的测量范围及其游标读数值见表 1-7-1。

表 1-7-1　游标卡尺的测量范围和游标卡尺读数值

测量范围/mm	游标读数值/mm	测量范围/mm	游标读数值/mm
0～150	0.02；0.05；0.10	300～800	0.05；0.10
0～200	0.02；0.05；0.10	400～1000	0.05；0.10
0～300	0.02；0.05；0.10	600～1500	0.05；0.10
0～500	0.05；0.10	800～2000	0.10

1.7.3.3 游标卡尺的读数方法

游标卡尺的读数机构，是由主尺和游标两部分组成。当活动量爪与固定量爪贴合时，游标上的"0"刻线（简称游标零线）对准主尺上的"0"刻线，此时量爪间的距离为"0"，如图 1-7-2 所示。当尺框向右移动到某一位置时，固定量爪与活动量爪之间的距离，就是零件的测量尺寸，如图 1-7-1 所示。此时零件尺寸的整数部分，可在游标零线左边的主尺刻线上读出来，而比 1mm 小的小数部分，可借助游标读数机构来读出，现把三种游标卡尺的读数原理和读数方法介绍如下。

(1) 游标读数值为 0.1mm 的游标卡尺

如图 1-7-4(a) 所示，主尺刻线间距（每格）为 1mm，当游标零线与主尺零线对准（两爪合并）时，游标上的第 10 刻线正好指向等于主尺上的 9mm，而游标上的其他刻线都不会与主尺上任何一条刻线对准。

游标每格间距＝9mm÷10＝0.9mm

主尺每格间距与游标每格间距相差＝1mm－0.9mm＝0.1mm

0.1mm 即为此游标卡尺上游标所读出的最小数值，再也不能读出比 0.1mm 小的数值。

当游标向右移动 0.1mm 时，则游标零线后的第 1 根刻线与主尺刻线对准。当游标向右移动 0.2mm 时，则游标零线后的第 2 根刻线与主尺刻线对准，依次类推。若游标向右移动 0.5mm，如图 1-7-4(b)，则游标上的第 5 根刻线与主尺刻线对准。由此可知，游标向右移动不足 1mm 的距离，虽不能直接从主尺读出，但可以由游标的某一根刻线与主尺刻线对准时，该游标刻线的次序数乘其读数值而读出其小数值。例如，图 1-7-4(b) 的尺寸即为：5×0.1mm＝0.5mm。

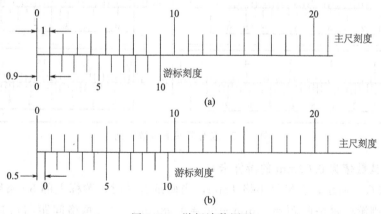

图 1-7-4 游标读数原理

另有 1 种读数值为 0.1mm 的游标卡尺，如图 1-7-5(a) 所示，是将游标上的 10 格对准主尺的 19mm，则游标每格＝19mm÷10＝1.9mm，使主尺 2 格与游标 1 格相差＝2mm－1.9mm＝0.1mm。这种增大游标间距的方法，其读数原理并未改变，但使游标线条清晰，更容易看准读数。

在游标卡尺上读数时，首先要看游标零线的左边，读出主尺上尺寸的整数是多少毫米，其次是找出游标上第几根刻线与主尺刻线对准，该游标刻线的次序数乘其游标读数值，读出尺寸的小数，整数和小数相加的总值，就是被测零件尺寸的数值。

在图 1-7-5(b) 中，游标零线在 2mm 与 3mm 之间，其左边的主尺刻线是 2mm，所以被测尺寸的整数部分是 2mm，再观察游标刻线，这时游标上的第 3 根刻线与主尺刻线对准。所以，被测尺寸的小数部分为 $3 \times 0.1mm = 0.3mm$，被测尺寸即为 $2mm + 0.3mm = 2.3mm$。

（2）游标读数值为 0.05mm 的游标卡尺

如图 1-7-5(c) 所示，主尺每小格 1mm，当两爪合并时，游标上的 20 格刚好等于主尺的 39mm，则

$$游标每格间距 = 39mm \div 20 = 1.95mm$$

$$主尺 2 格间距与游标 1 格间距相差 = 2mm - 1.95mm = 0.05mm$$

0.05mm 即为此种游标卡尺的最小读数值。同理，也有用游标上的 20 格刚好等于主尺上的 19mm，其读数原理不变。

在图 1-7-5(d) 中，游标零线在 32mm 与 33mm 之间，游标上的第 11 格刻线与主尺刻线对准。所以，被测尺寸的整数部分为 32mm，小数部分为 $11 \times 0.05mm = 0.55mm$，被测尺寸为 $32mm + 0.55mm = 32.55mm$。

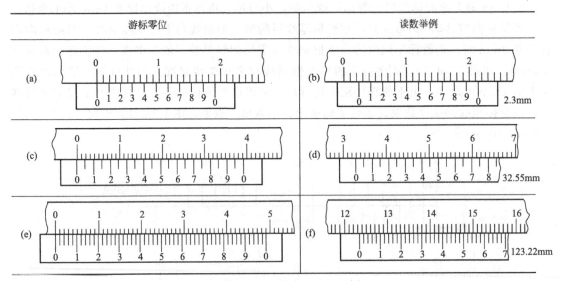

图 1-7-5 游标零位和读数举例

（3）游标读数值为 0.02mm 的游标卡尺

如图 1-7-5(e) 所示，主尺每小格 1mm，当两爪合并时，游标上的 50 格刚好等于主尺上的 49mm，则游标每格间距 $= 49mm \div 50 = 0.98mm$，主尺每格间距与游标每格间距相差 $= 1mm - 0.98mm = 0.02mm$，0.02mm 即为此种游标卡尺的最小读数值。

在图 1-7-5(f) 中，游标零线在 123mm 与 124mm 之间，游标上的 11 格刻线与主尺刻线对准。所以，被测尺寸的整数部分为 123mm，小数部分为 $11 \times 0.02mm = 0.22mm$，被测尺寸为 $123mm + 0.22mm = 123.22mm$。

1.7.4 任务实施

1.7.4.1 准备工作

① 正确穿戴劳保用品。

② 准备工具、用具见表 1-7-2。

③ 满足测量内径、外径及深度需要的被测物一套。

表 1-7-2　正确使用游标卡尺工具、用具表

序号	工具、用具名称	规格	数量	序号	工具、用具名称	规格	数量
1	游标卡尺	150mm	1把	6	记录纸		1张
2	游标卡尺	200mm	1把	7	记录笔		1支
3	游标卡尺	300mm	1把	8	防锈油		适量
4	计算器		1个	9	棉纱		适量
5	被测物		1套	10	油纸		1张

1.7.4.2　操作过程

（1）检查游标卡尺

① 检查游标卡尺是否有出厂合格证，检验证书是否在有效期内。

② 活动尺框，检查是否自如，有无卡阻。

③ 检查测量爪有无伤痕，有无变形。

④ 贴合两测量爪，对光观察有无缝隙，是否对齐，游标卡尺是否归零。

（2）测量外径

① 用棉纱擦净被测物和游标卡尺，松动游标卡尺的固定螺丝。

② 用游标卡尺的下量爪测量外径，一手握住被测件，另一手四指握住尺尾端，使固定卡脚的测量面贴靠工件。

③ 拇指操作副尺轻轻用力，使副尺上活动卡脚的测量面贴紧工件，并使两卡脚测量面的连线与所测工件表面垂直，拧紧固定螺丝。

④ 读出测得数据并进行记录。

⑤ 将被测物调换方向，重复测量三次，算出测量结果平均值。

（3）测量内径

① 用棉纱擦净被测物和游标卡尺，松动游标卡尺的固定螺丝。

② 用游标卡尺的上量爪测量内径，将上量爪的一脚靠在孔壁作为支撑点，另一脚左右摆动试接触，以测得孔径的最大尺寸。

③ 拇指操作副尺轻轻用力，使副尺上活动卡脚的测量面贴紧工件，并使两卡脚测量面的连线与所测工件表面垂直，拧紧固定螺丝。

④ 读出测得数据并进行记录。

⑤ 将被测物调换方向，重复测量三次，算出测量结果平均值。

（4）测量深度

① 用棉纱擦净被测物和游标卡尺，松动游标卡尺的固定螺丝。

② 用深度尺测量槽深，测量时深度尺要垂直，不可前后左右倾斜，拧紧固定螺丝。

③ 读出测得数据并进行记录。

④ 将被测物调换方向，重复测量三次，算出测量结果平均值。

（5）保养游标卡尺

① 用棉纱擦拭游标卡尺，清理油污、泥沙等杂质。

② 将两测量爪贴近并保持一定间隙。

③ 将游标卡尺均匀涂抹少量防锈油。

④ 将游标卡尺用油纸包好，放到指定地点或工具盒内。

1.7.5 归纳总结

① 无校验合格证的游标卡尺不得使用。使用游标卡尺时，要保证游标卡尺工作面和被测表面的清洁，防止脏物影响测量的准确性。

② 操作时握尺不能用力过猛，以免损坏测量爪。

③ 测量物体时，卡尺必须与工件垂直，两测量面不得歪斜。

④ 测量工件内径时应将两卡脚张开度比被测工件尺寸小些。读数时，视线应垂直于水准器，以减小视差对测量结果的影响。

⑤ 读数准确，误差不得大于本尺测量精度值，所测得的读数应为测量精度值的倍数，每个测量面多次测量，取测量结果的平均值。

⑥ 应急处置：操作时发生人身意外伤害，应立即停止操作，脱离危险源后立即进行救治，如果伤情较重，立即拨打120急救电话送医院救治并汇报。

1.7.6 拓展链接

游标卡尺的示值误差及提高测量精度的方法如下。

测量或检验零件尺寸时，要按照零件尺寸的精度要求，选用相适应的量具。游标卡尺是一种中等精度的量具，它只适用于中等精度尺寸的测量和检验。用游标卡尺去测量锻铸件毛坯或精度要求很高的尺寸，都是不合理的。前者容易损坏量具，后者测量精度达不到要求，因为量具都有一定的示值误差，游标卡尺的示值误差见表1-7-3。

表1-7-3 游标卡尺的示值误差

游标读数值/mm	示值总误差/mm
0.02	±0.02
0.05	±0.05
0.10	±0.10

游标卡尺的示值误差，就是游标卡尺本身的制造精度，不论使用得怎样正确，卡尺本身就可能产生这些误差。例如，用游标读数值为0.02mm的0～125mm的游标卡尺（示值误差为±0.02mm），测量50mm±0.025的轴时，若游标卡尺上的读数为50.00mm，实际直径可能是50.02mm，也可能是49.98mm。这不是游标卡尺的使用方法上有什么问题，而是它本身制造精度所允许产生的误差。因此，若该轴的直径尺寸是IT5级精度的基准轴，则轴的制造公差为0.025mm，而游标卡尺本身就有着±0.02mm的示值误差，选用这样的量具去测量，显然是无法保证轴径的精度要求的。

如果受条件限制（如受测量位置限制），其他精密量具用不上，必须用游标卡尺测量较精密的零件尺寸时，可以用游标卡尺先测量与被测尺寸相当的块规，消除游标卡尺的示值误差（称为用块规校对游标卡尺）。例如，要测量上述50mm的轴时，先测量50mm的块规，看游标卡尺上的读数是不是正好50mm。如果不是正好50mm，则比50mm大的或小的数值，就是游标卡尺的实际示值误差，测量零件时，应把此误差作为修正值考虑进去。例如，测量50mm块规时，游标卡尺上的读数为49.98mm，即游标卡尺的读数比实际尺寸小0.02mm，则测量轴时，应在游标卡尺的读数上加上0.02mm，才是轴的实际直径尺寸；若测量 50mm 块规时的读数是 50.01mm，则在测量轴时，应在读数上减去 0.01mm，才是轴的实际直径尺寸。另外，游标卡尺测量时的松紧程度（即测量压力的大小）和读数误差（即看准是那一根刻线对准），对测量精度影响也很大。所以，当必须用游标卡尺测量精度要求较高的尺寸时，最好采用和测量相等尺寸的块规相比较的办法。

1.7.7　思考练习

① 如何提高游标卡尺测量结果的准确性？
② 如何利用游标卡尺测量较精密的零件尺寸？

1.7.8　考核

1.7.8.1　考核规定

① 如违章操作，将停止考核。
② 考核采用百分制，考核权重：知识点（30%），技能点（70%）。
③ 考核方式：本项目为实际操作考题，考核过程按评分标准及操作过程进行评分。
④ 测量技能说明：本项目主要测试考生对使用游标卡尺掌握的熟练程度。

1.7.8.2　考核时间

① 准备工作：1min（不计入考核时间）。
② 正式操作时间：6min。
③ 在规定时间内完成，到时停止操作。

1.7.8.3　考核记录表

正确使用游标卡尺考核记录表见表 1-7-4。

表 1-7-4　正确使用游标卡尺考核记录表

序号	考核内容	评分要素	配分	评分标准	备注
1	准备工作	选择工具、用具：劳保着装整齐，150mm 游标卡尺 1 把，200mm 游标卡尺 1 把，300mm 游标卡尺 1 把，被测物 1 套，棉纱适量，防锈油适量，油纸 1 张，记录纸 1 张，记录笔 1 支，计算器 1 个	5	未正确穿戴劳保不得进行操作，本次考核直接按零分处理；未准备工具、用具及材料扣 5 分；少选一件扣 1 分	
2	检查游标卡尺	检查游标卡尺合格证、尺框、测量爪，检查游标卡尺是否归零	10	未检查游标卡尺是否有出厂合格证，检验证书是否在有效期内扣 5 分；未检查尺框是否自如，有无卡阻扣 5 分；未检查测量爪有无伤痕，有无变形扣 5 分；未贴合测量爪观察有无缝隙扣 5 分；未检查游标卡尺是否归零扣 10 分	
3	测量外径	擦净被测物和游标卡尺，松动游标卡尺的固定螺丝；用游标卡尺的下量爪测量外径；拧紧固定螺丝；读出测得数据并进行记录；重复测量三次，算出测量结果平均值	25	未擦净被测物和游标卡尺扣 5 分；未松动游标卡尺的固定螺丝扣 5 分；握持方式不正确扣 3 分；用力过大扣 5 分；测量面未贴紧工件扣 5 分；测量面的连线与所测工件表面不垂直扣 3 分；未拧紧固定螺丝扣 5 分；读数超出误差标准扣 5 分；未重复测量扣 5 分；计算结果不准扣 3 分	

续表

序号	考核内容	评分要素	配分	评分标准	备注
4	测量内径	擦净被测物和游标卡尺,松动游标卡尺的固定螺丝;用游标卡尺的上量爪测量内径,拧紧固定螺丝;读出测得数据并进行记录;重复测量三次,算出测量结果平均值	25	未擦净被测物和游标卡尺扣5分;未松动游标卡尺的固定螺丝扣5分;握持方式不正确扣3分;用力过大扣5分;测量面未贴紧工件扣5分;测量面的连线与所测工件表面不垂直扣3分;未拧紧固定螺丝扣5分;读数超出误差标准扣5分;未重复测量扣5分;计算结果不准扣3分	
5	测量深度	擦净被测物和游标卡尺,松动游标卡尺的固定螺丝;用深度尺测量槽深,拧紧固定螺丝;读出测得数据并进行记录;重复测量三次,算出测量结果平均值	25	未擦净被测物和游标卡尺扣5分;未松动游标卡尺的固定螺丝扣5分;握持方式不正确扣3分;用力过大扣5分;测量面未贴紧工件扣5分;测量面的连线与所测工件表面不垂直扣3分;未拧紧固定螺丝扣5分;读数超出误差标准扣5分;未重复测量扣5分;计算结果不准扣3分	
6	保养游标卡尺	擦拭游标卡尺,清理油污、泥沙等杂质,将游标卡尺两测量爪靠近涂抹防锈油保养并存放	5	未用棉纱擦拭游标卡尺扣3分;未将游标卡尺两测量爪靠近并保持一定间隙扣5分;未将游标卡尺涂抹防锈油扣5分;未将游标卡尺用油纸包好扣2分;未放到指定地点或工具箱内扣3分	
7	清理场地	清理现场,收拾工具	5	未收拾保养工具扣2分;未清理现场扣3分;少收一件工具扣1分	
8	考核时限	6min,到时停止操作考核			

合计100分

任务8 正确使用千分尺

千分尺是常用的精密测量的量具(又叫螺旋测微仪)。千分尺的测量精度比游标卡尺精度高出一倍,所以千分尺不适于测量精度和光洁度很低的零件。千分尺的测量精度为0.01mm,常用的千分尺有50~75mm、75~100mm等多种规格。

1.8.1 学习目标

通过学习,使学员了解千分尺的作用,掌握千分尺的使用方法;能够根据被测件选择合适规格的千分尺,能够正确检查千分尺;能够掌握校对千分尺零位误差的方法;能够熟练运用千分尺检测被测件外径尺寸;能够准确读取千分尺读数;能够掌握提高测量准确性的方法;能够正确保养与存放千分尺;能够辨识违章行为,消除事故隐患;能够提高个人规避风险的能力,避免安全事故发生;能够在发生人身意外伤害时,进行应急处置。

1.8.2　学习任务

本次学习任务包括检查千分尺，利用千分尺测量被测物外径尺寸，保养千分尺。

1.8.3　背景知识

1.8.3.1　千分尺的种类及部件名称

千分尺的种类很多，机械加工车间常用的有：外径千分尺（图 1-8-1）、内径千分尺（图 1-8-2）、深度千分尺（图 1-8-3）以及螺纹千分尺和公法线千分尺等，并分别用于测量或检验零件的外径、内径、深度、厚度以及螺纹的中径和齿轮的公法线长度等。外径千分尺是用以测量或检验零件的外径、凸肩厚度以及板厚或壁厚等（测量孔壁厚度的千分尺，其测量面呈球弧形），外径千分尺由尺架、测微头、测力装置和制动器等组成。尺架的一端装着固定测砧，另一端装着测微头。固定测砧和测微螺杆的测量面上都镶有硬质合金，以提高测量面的使用寿命。尺架的两侧面覆盖着绝热板。

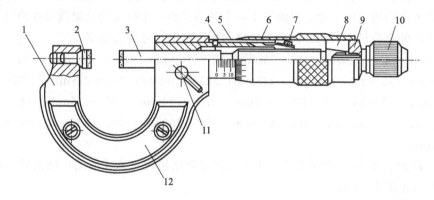

图 1-8-1　外径千分尺

1—尺架；2—固定测砧；3—测微螺杆；4—螺纹轴套；5—固定刻度套筒；6—微分筒；
7—调节螺母；8—接头；9—垫片；10—测力装置；11—锁紧螺钉；12—绝热板

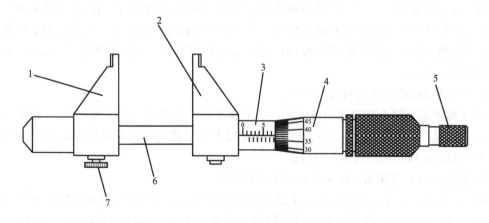

图 1-8-2　内径千分尺

1—固定测量爪；2—活动测量爪；3—固定套筒；4—微分筒；5—测力装置；6—导向套；7—锁紧装置

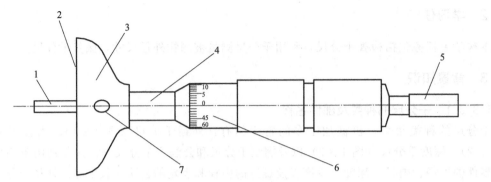

图 1-8-3 深度千分尺

1—测量杆；2—基准面；3—底板；4—固定套筒；5—测力装置；6—微分筒；7—锁紧装置

1.8.3.2 千分尺的测量范围及读数值

千分尺测微螺杆的移动量为 25mm，所以千分尺的测量范围一般为 25mm。为了使千分尺能测量更大范围的长度尺寸，以满足工业生产的需要，千分尺的尺架做成各种尺寸，形成不同测量范围的千分尺。目前，国产千分尺测量范围的尺寸分段如下：

0～25mm；25～50mm；50～75mm；75～100mm；100～125mm；125～150mm；150～175mm；175～200mm；200～225mm；225～250mm；250～275mm；275～300mm；300～325mm；325～350mm；350～375mm；375～400mm；400～425mm；425～450mm；450～475mm；475～500mm；500～600mm；600～700mm；700～800mm；800～900mm；900～1000mm。

测量上限大于 300mm 的千分尺，也可把固定测砧做成可调式的或可换测砧，从而使此千分尺的测量范围为 100mm。

测量上限大于 1000mm 的千分尺，也可将测量范围制成为 500mm，目前国产最大的千分尺为 2500～3000mm 的千分尺。

1.8.3.3 千分尺的读数方法

千分尺的工作原理是应用螺旋读数机构，它包括一对精密的螺纹——测微螺杆与螺纹轴套，和一对读数套筒——固定套筒与微分筒，所以千分尺的读数方法与游标卡尺不同。

在千分尺的固定套筒上刻有轴向中线，作为微分筒读数的基准线。另外，为了计算测微螺杆旋转的整数转，在固定套筒中线的两侧，刻有两排刻线，刻线间距均为 1mm，上下两排相互错开 0.5mm。

千分尺的具体读数方法可分为三步。

① 读出固定套筒上露出的刻线尺寸，一定要注意不能遗漏应读出的 0.5mm 的刻线值。

② 读出微分筒上的尺寸，要看清微分筒圆周上哪一格与固定套筒的中线基准对齐，将格数乘 0.01mm 即得微分筒上的尺寸。

③ 将上面两个数相加，即为千分尺上测得尺寸。

如图 1-8-4(a) 所示，在固定套筒上读出的尺寸为 8mm，微分筒上读出的尺寸为 27(格)×0.01mm＝0.27mm，上两数相加即得被测零件的尺寸为 8.27mm；图 1-8-4 (b) 中，在固定套筒上读出的尺寸为 8.5mm，在微分筒上读出的尺寸为 27（格）×0.01mm＝0.27mm，上两数相加即得被测零件的尺寸为 8.77mm。

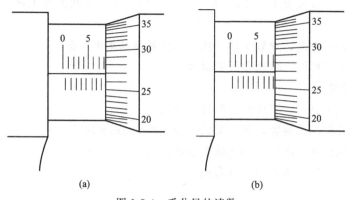

(a)　　　　　　　　　(b)

图 1-8-4　千分尺的读数

1.8.4　任务实施

1.8.4.1　准备工作

① 正确穿戴劳保用品。

② 准备工具、用具见表 1-8-1（本任务将以外径千分尺为例介绍千分尺使用方法）。

③ 满足测量精度要求的被测物一套。

表 1-8-1　正确使用千分尺工具、用具表

序号	工具、用具名称	规格	数量	序号	工具、用具名称	规格	数量
1	外径千分尺	0~25mm	1 把	6	防锈油		适量
2	外径千分尺	25~50mm	1 把	7	记录纸		1 张
3	外径千分尺	50~75mm	1 把	8	记录笔		1 支
4	计算器		1 个	9	棉纱		适量
5	被测物		1 套				

1.8.4.2　操作过程

（1）检查千分尺

① 检查千分尺是否有出厂合格证，检验证书是否在有效期内。

② 用标准件校正千分尺，转动微分筒和测力装置，使两个测量面轻轻地接触并使测力装置发出"咔咔"的声音。这时看两测量面间有没有间隙（漏光），以检查测量面的平行性。

③ 检查"0"位是否对准，如果"0"位不对应重新调整；0~25mm 的千分尺可直接校对"0"位，大于 25mm 的千分尺用校对杆校对。

（2）使用千分尺测量外径

① 擦净被测物和千分尺。

② 左手握住尺架，右手转动微分筒，当测量面快要与零件表面接触时再旋转测力装置至发出"咔咔"的响声。

③ 扳动锁紧螺钉。

④ 读取测量值，在固定套筒上读整数部分，在微分筒与固定套筒中线对齐的刻度线上读小数部分（每格为 0.01mm），将两数相加即为测量值，记录所测数据。

⑤ 当小数部分测量值大于 0.5mm 时，测量方法同上，读数时在上述方法读取的数值基础上加上 0.5mm。

⑥ 将被测物调换方向，重复测量三次，算出测量结果平均值。

⑦ 反向扳动锁紧螺钉，转动微分筒退尺。

（3）保养千分尺

① 用棉纱擦拭千分尺，清理油污泥沙等杂质。

② 转动微分筒和测力装置，使两测砧平面保持 0.1mm 距离。

③ 将千分尺测试杆外部分均匀涂抹少量防锈油。

④ 将千分尺放到指定地点或工具盒内。

1.8.5　归纳总结

① 被测工件表面须擦拭干净，以免脏物损坏测量面或影响测量精度，如发现测量面有毛刺，可用天然油石轻轻地将毛刺抛去。

② 若把千分尺从工件上取下来读数，应先扳动锁紧螺钉把测微螺杆固定后再取下千分尺来读数，这样的方法容易磨损测量面，应尽量少用。

③ 测量时，测微螺杆要与零件的轴线垂直，不要歪斜；测量时，可在旋转测力装置的同时，轻轻地晃动尺架，使测砧面与零件表面接触良好。

④ 旋转微分筒不要过快，以防测量面相撞挤坏螺杆和螺母，更不能用手掌握着微分筒用力拧动；旋转测力装置时要用力均匀转动平缓，不要猛力旋转，以免测力不稳产生撞击。

⑤ 退尺时应转动微分筒，而不应旋转后盖和测力装置，以免零件松动影响测量结果。

⑥ 大量测量时可把千分尺夹在钳子上，左手拿件，右手操作千分尺进行测量。

⑦ 对于超常温的工件，不要进行测量，以免产生读数误差。

⑧ 要求读数误差小于 0.01mm，为消除测量误差，可对同一位置多测几次取平均值。

⑨ 应急处置：操作时发生人身意外伤害，应立即停止操作，脱离危险源后立即进行救治，如果伤情较重，立即拨打 120 急救电话送医院救治并汇报。

1.8.6　拓展链接

千分尺的精度及误差调整方法如下。

千分尺是一种应用很广的精密量具，按它的制造精度，可分 0 级和 1 级两种，0 级精度较高，1 级次之。千分尺的制造精度，主要由它的示值误差和测砧面的平面平行度公差的大小来决定，小尺寸千分尺的精度要求，见表 1-8-2。从千分尺的精度要求可知，用千分尺测量 IT6～IT10 级精度的零件尺寸较为合适。

表 1-8-2　千分尺的精度要求

测量上限/mm	示值误差/mm		两测量面平行度/mm	
	0 级	1 级	0 级	1 级
25	±0.002	±0.004	0.001	0.002
50	±0.002	±0.004	0.0012	0.0025
75,100	±0.002	±0.004	0.0015	0.003

千分尺在使用过程中，由于磨损，特别是使用不妥当时，会使千分尺的示值误差超差，

所以应定期进行检查，进行必要的拆洗或调整，以便保持千分尺的测量精度。

（1）校正千分尺的零位

千分尺如果使用不妥，零位就要走动，使测量结果不正确，容易造成产品质量事故。所以，在使用千分尺的过程中，应当校对千分尺的零位。所谓"校对千分尺的零位"，就是把千分尺的两个测砧面擦干净，转动测微螺杆使它们贴合在一起（这是指 0～25mm 的千分尺而言，若测量范围大于 0～25mm 时，应该在两测砧面间放上校对样棒），检查微分筒圆周上的"0"刻线，是否对准固定套筒的中线，微分筒的端面是否正好使固定套筒上的"0"刻线露出来。如果两者位置都是正确的，就认为千分尺的零位是对的，否则就要进行校正，使之对准零位。

如果零位是由于微分筒的轴向位置不对，如微分筒的端部盖住固定套筒上的"0"刻线，或"0"刻线露出太多，0.5 的刻线搞错，必须进行校正。此时，可用制动器把测微螺杆锁住，再用千分尺的专用扳手，插入测力装置轮轴的小孔内，把测力装置松开（逆时针旋转），微分筒就能进行调整，即轴向移动一点。使固定套筒上的"0"线正好露出来，同时使微分筒的零线对准固定套筒的中线，然后把测力装置旋紧。

如果零位是由于微分筒的零线没有对准固定套筒的中线，也必须进行校正。此时，可用千分尺的专用扳手，插入固定套筒的小孔内，把固定套筒转过一点，使之对准零线。

但当微分筒的零线相差较大时，不应当采用此法调整，而应该采用松开测力装置转动微分筒的方法来校正。

（2）调整千分尺的间隙

千分尺在使用过程中，由于磨损等原因，会使精密螺纹的配合间隙增大，从而使示值误差超差，必须及时进行调整，以便保持千分尺的精度。

要调整精密螺纹的配合间隙，应先用制动器把测微螺杆锁住，再用专用扳手把测力装置松开，拉出微分筒后再进行调整。由图 1-8-1 可以看出，在螺纹轴套上，接近精密螺纹一段的壁厚比较薄，且连同螺纹部分一起开有轴向直槽，使螺纹部分具有一定的胀缩弹性。同时，螺纹轴套的圆锥外螺纹上，旋着调节螺母 7。当调节螺母往里旋入时，因螺母直径保持不变，就迫使外圆锥螺纹的直径缩小，于是精密螺纹的配合间隙就减小了。然后，松开制动器进行试转，看螺纹间隙是否合适。间隙过小会使测微螺杆活动不灵活，可把调节螺母松出一点，间隙过大则使测微螺杆有松动，可把调节螺母再旋进一点。直至间隙调整好后，再把微分筒装上，对准零位后把测力装置旋紧。

经过上述调整的千分尺，除必须校对零位外，还应当用检定量块检验千分尺的五个尺寸的测量精度，确定千分尺的精度等级后，才能移交使用。例如，用 5.12、10.24、15.36、21.5、25 等五个块规尺寸检定 0～25mm 的千分尺，它的示值误差应符合表 1-8-2 的要求，否则应继续修理。

1.8.7 思考练习

① 千分尺的零位误差如何调整？
② 千分尺读数时应该注意的关键刻度值是什么？

1.8.8 考核

1.8.8.1 考核规定

① 如违章操作，将停止考核。

② 考核采用百分制，考核权重：知识点（30%），技能点（70%）。

③ 考核方式：本项目为实际操作考题，考核过程按评分标准及操作过程进行评分。

④ 测量技能说明：本项目主要测试考生对使用千分尺掌握的熟练程度。

1.8.8.2　考核时间

① 准备工作：1min（不计入考核时间）。

② 正式操作时间：6min。

③ 在规定时间内完成，到时停止操作。

1.8.8.3　考核记录表

正确使用千分尺考核记录表见表 1-8-3。

表 1-8-3　正确使用千分尺考核记录表

序号	考核内容	评分要素	配分	评分标准	备注
1	准备工作	选择工具、用具：劳保着装整齐，0～25mm 外径千分尺 1 把，25～50mm 外径千分尺 1 把，50～75mm 外径千分尺 1 把，记录纸 1 张，记录笔 1 支，计算器 1 个，被测物 1 套，防锈油适量，棉纱适量	5	未正确穿戴劳保不得进行操作，本次考核直接按零分处理；未准备工具、用具及材料扣 5 分；少选一件扣 1 分	
2	检查千分尺	检查千分尺出厂合格证；检查测量面的平行性；检查"0"位是否对准	30	未检查千分尺是否有出厂合格证扣 5 分，未检验证书是否在有效期内扣 5 分；未检验测量面的平行性扣 5 分；未检查"0"位是否对准扣 5 分；"0"位不对应未进行重新调整扣 5 分	
3	使用千分尺测量外径	擦净被测物和千分尺，左手握住尺架，右手转动微分筒，当测量面快要与零件表面接触时再旋转测力装置至发出"咔咔"的响声，扳动锁紧螺钉。读取测量值，记录所测数据。将被测物调换方向，重复测量三次，算出测量结果平均值。反向扳动锁紧螺钉，转动微分筒退尺	50	未擦净被测物和千分尺扣 10 分；握持部位不正确扣 10 分；转动微分筒接触零件扣 5 分；未扳动锁紧螺钉扣 10 分；读数每超出误差标准值 0.01mm 扣 10 分；未记录所测数据扣 5 分；未重复测量扣 10 分；未反向扳动锁紧螺钉退尺扣 10 分；未转动微分筒退尺扣 10 分	
4	保养千分尺	用棉纱擦拭千分尺，转动微分筒和测力装置，使两测砧平面保持 0.1mm 距离，将千分尺测试杆外部分涂抹少量防锈油，将千分尺放到指定地点或工具盒内	10	未用棉纱擦拭千分尺，清理油污泥沙等杂质扣 5 分；未转动微分筒和测力装置，使两测砧平面保持 0.1mm 距离扣 5 分；未将千分尺测试杆外部分均匀涂抹少量防锈油扣 3 分；未将千分尺放到指定地点或工具盒内扣 3 分	
5	清理场地	清理现场，收拾工具	5	未收拾保养工具扣 2 分；未清理现场扣 3 分；少收一件工具扣 1 分	
6	考核时限	6min，到时停止操作考核			
合计 100 分					

项目2
自喷井管理

自喷采油是依靠地层能量（包括人工注水）来开发油田的一种常见的开采方式。这种开采方式的井下和地面设备简单，生产成本低，管理方便。自喷井的管理基本上包括3个方面。

① 管好采油压差。静压（即目前地层压力）与油井生产时测得的流压的差值叫生产压差，又叫采油压差。在一般情况下，生产压差越大，产量越高。油嘴起着控制油井生产的作用。改变油嘴的大小，就可以控制和调节油井生产压差和产量。

② 取全、取准各项生产及化验分析材料。自喷井资料七全七准是指油压、套压、流压、静压、产量、油气比、原油含水化验等七项资料全准。

③ 保证油井正常生产。新井第一次清蜡，一般是 8h 到 16h 开始。如果时间太短，井筒死油和脏物排不净；时间过长，有可能使油井结蜡严重。

本项目根据自喷井管理要求，设置了 6 项基本任务。

任务 1　开关阀门

阀门是最常见的管路配件，在采油生产中很多施工操作都需要去开、关阀门来配合完成，所以开关阀门是采油工经常进行的最基本的操作内容。正确开关阀门不仅能够确保操作员工的人身安全，还可以使阀门始终处于良好的工作状态，保障生产设备的安全平稳运行。

2.1.1　学习目标

通过学习，使学员掌握阀门的功能和开关阀门的操作程序；能够正确检查阀门，能够正确使用 F 形扳手；能够正确打开和关闭阀门；能够处理阀门各种故障；能够辨识操作过程中的危害因素和违章行为，消除事故隐患；能够提高个人规避风险的能力，避免安全事故发生。

2.1.2　学习任务

本次学习任务包括检查阀门，打开阀门，关闭阀门。

2.1.3　背景知识

2.1.3.1　阀门的功能

阀门是流体管路的控制装置，阀门连接管路流程见图 2-1-1，其基本功能是切断或接通管路介质，防止介质倒流，调节管道及设备内介质的压力和流量，保护管道和设备的安全正常运行，是管道工程中不可缺少的管路配件，在石油化工生产过程中发挥着重要作用。

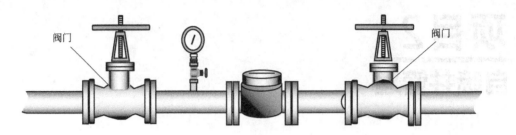

图 2-1-1　阀门连接管路流程示意图

2.1.3.2　阀门故障处理

(1) 阀门渗漏故障处理

阀门在使用过程中，由于密封填料腐蚀、磨损、老化等原因，使用一段时间后就会发生渗漏，必须及时对其处理或更换，防止发生泄漏污染和人身伤害事故。阀门渗漏故障处理方法有以下两种。

① 阀门因压盖松动渗漏不严重时，可对称压紧压盖螺栓。

② 阀门渗漏严重或填料老化、磨损造成渗漏时，必须进行更换。

(2) 阀门开启不灵活故障处理

① 故障原因（阀门结构见图 2-1-2）：

ⅰ.当温度变化时，阀杆上端受到阀盖的限制，只能向下膨胀，此时若阀门处于关闭状态，则会使闸板紧紧地楔入阀座，导致阀门开启困难。

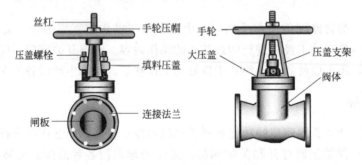

图 2-1-2　阀门结构示意图

ⅱ.阀腔内有水冻结。

ⅲ.阀杆螺纹锈蚀。

ⅳ.阀杆变形、弯曲。

ⅴ.阀杆螺母磨损，无润滑油。

② 处理方法：

ⅰ.适当减少或松动密封填料函。

ⅱ.用热水浇阀体烫开，并做好保温。

ⅲ.清除阀杆螺纹上的铁锈、杂质，并加油润滑。

ⅳ.矫正或更换阀杆。

ⅴ.检修阀杆或阀盖的螺纹，加油保养。

（3）阀门打不开、关不上故障处理

① 故障原因：

ⅰ.阀杆与螺母之间有杂物、锈蚀或啮合不好。

ⅱ.阀杆与阀瓣脱离。

ⅲ.阀瓣受力过大。

ⅳ.填料压得过紧。

② 处理方法：

ⅰ.经常对阀杆和螺母进行除锈、润滑和清除杂物。

ⅱ.对阀门解体检修。

ⅲ.降压后开启阀门。

ⅳ.适当调松填料压盖螺栓。

（4）阀门关不严故障处理

① 故障原因：

ⅰ.阀芯与阀座磨损严重造成漏失。

ⅱ.阀座有杂质。

ⅲ.阀杆锈住，转动不灵活。

ⅳ.阀门开关不到位。

② 处理方法：

ⅰ.研磨更换阀芯，使其密封，达到不渗不漏。

ⅱ.拆卸阀体，清除杂质。

ⅲ.用柴油浸泡、润滑阀杆，进行除锈。

ⅳ.活动阀体，开关操作到位。

2.1.4　任务实施

2.1.4.1　准备工作

① 正确穿戴劳保用品。

② 准备工具、用具见表 2-1-1。

③ 阀门连接的流程一套，阀门灵活好用。

表 2-1-1　开关阀门工具、用具表

序号	工具、用具名称	规格	数量	序号	工具、用具名称	规格	数量
1	活动扳手	150mm	1 把	5	机油		适量
2	活动扳手	300mm	1 把	6	黄油		适量
3	F 形扳手		1 把	7	棉纱		适量
4	机油壶		1 个				

2.1.4.2 操作过程

(1) 检查阀门

① 检查确认流程，检查阀门手轮开关是否灵活，手轮压帽是否紧固，填料压盖是否压平，有无渗漏。

② 检查阀门法兰有无渗漏，端面间隙是否一致，固定螺丝是否紧固，阀门本体有无砂眼，上盖有无渗漏。

(2) 开阀门

① 人体位于阀门手轮侧面，随阀门位置高低不同，身体适当弯曲。

② 头部在阀门侧上方 30cm 左右，目视阀门手轮及丝杠。

③ 用 F 形扳手按逆时针方向转动手轮（F 形扳手使用方法见图 2-1-3），然后再用双手握住手轮的上下两端，双臂继续旋转手轮，并随时倒换手握位置再转，直到阀门开启完毕。

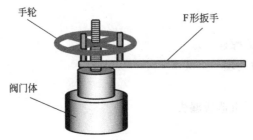

图 2-1-3　F 形扳手使用示意图

④ 为减轻液体对闸板冲击，应做到慢旋手轮慢开阀门，待听到有液体冲击的"刺"声时，缓停一会，当阀门两侧的压力趋向稳定时再将阀门闸板开大，阀门打开后，将手轮回旋半圈。

(3) 关阀门

① 关阀门时按照开阀门的姿势站好，用双手握住手轮的上下两端，双臂按顺时针方向旋转手轮，并随时倒换手握位置再转，直到转不动为止，阀门关闭后用 F 形扳手带紧一下。

② 给阀杆螺母加机油，将丝杠涂黄油防锈，室外阀门戴好防护罩。

③ 操作完成后清理现场，将工具擦拭干净，保养存放。

2.1.5　归纳总结

① 开关阀门时人要站在侧面，防止阀门丝杠飞出伤人。

② 使用 F 形扳手时，开口方向应朝向阀门本体上（外）部。

③ 采油树阀门不能用于节流，开启时应全部开大闸板，关闭时应关严闸板。

④ 阀门不能使用加力杠猛烈开关，以免损坏手轮、阀杆螺母、闸板等部件。

⑤ 当阀门出现关闭不严时，应采用多次开关的方法，借助液体动力冲掉阀座上的杂质，达到关严的目的；不可强关，以免损坏闸板及阀座的密封面。

⑥ 不经常启闭的阀门，要定期转动手轮，对阀杆螺纹清洁并加油保养，以防咬住。

⑦ 室外阀门，要对阀杆加保护套，以防雨、雪、尘土锈污。

⑧ 应急处置：操作时发生人身意外伤害，立即停止操作，脱离危险源后立即进行救治，如果伤情较重，立即拨打 120 急救电话送医院救治并汇报。

2.1.6 拓展链接

采油生产常用阀门按照不同分类方法，其分类也有所不同。

(1) 按公称压力分类

① 低压阀——公称压力（PN）小于 1.6MPa 的阀门。

② 中压阀——公称压力（PN）2.5～6.4MPa 的阀门。

③ 高压阀——公称压力（PN）10.0～80.0MPa 的阀门。

(2) 按与管道连接方式分类

① 法兰连接阀门。

② 螺纹连接阀门。

③ 焊接连接阀门。

④ 卡箍连接阀门。

(3) 按结构分类

① 闸板阀，闸板阀结构见图 2-1-4。

② 截止阀，截止阀结构见图 2-1-5。

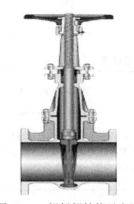
图 2-1-4 闸板阀结构示意图

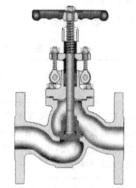
图 2-1-5 截止阀结构示意图

③ 单流阀，单流阀结构见图 2-1-6。

④ 球形阀，球形阀结构见图 2-1-7。

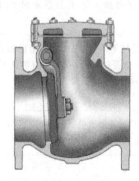
图 2-1-6 单流阀结构示意图

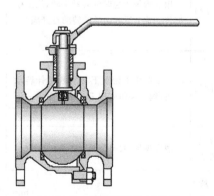
图 2-1-7 球形阀结构示意图

2.1.7 思考练习

① 采油树阀门、计量间阀门、压力表阀门各是什么连接方式？

② 阀门阀体上的 $DN50$ 和 $PN1.6$ 分别代表什么含义？

2.1.8 考核

2.1.8.1 考核规定

① 如违章操作，将停止考核。

② 考核采用百分制，考核权重：知识点（30%），技能点（70%）。

③ 考核方式：本项目为实际操作考题，考核过程按评分标准及操作过程进行评分。

④ 测量技能说明：本项目主要测试考生对开关阀门掌握的熟练程度。

2.1.8.2 考核时间

① 准备工作：1min（不计入考核时间）。

② 正式操作时间：5min。

③ 在规定时间内完成，到时停止操作。

2.1.8.3 考核记录表

开关阀门考核记录表见表2-1-2。

表 2-1-2　开关阀门考核记录表

序号	考核内容	评分要素	配分	评　分　标　准	备注
1	准备工作	选择工具、用具：劳保着装整齐，150mm活动扳手1把，300mm活动扳手1把，F形扳手1把，机油壶1个，机油适量，黄油、棉纱适量	5	未正确穿戴劳保不得进行操作,本次考核直接按零分处理;未准备工具、用具及材料扣5分;少选一件扣1分	
2	检查阀门	检查确认流程,检查阀门手轮、压盖、丝杠、阀体、填料压盖、阀门连接法兰等各部件完好	30	未检查不得分;少检查一项扣5分	
3	开阀门	用F形扳手逆时针转动手轮,用双手握住手轮上下两端继续转动打开阀门	30	F形扳手使用不当扣5分;不知道方向扣5分;开阀门未侧身扣10分;双手不正确扣5分;操作不平稳5分;打开后未回半圈扣2分	
4	关阀门	双手握住手轮上下两端顺时针转动手轮,阀门关闭后用F形扳手带紧一下	30	F形扳手使用不当扣5分;方向错误扣5分;关阀门未侧身扣5分;双手握持部位不正确扣3分;操作不平稳扣3分;未用F形扳手带紧扣2分	
5	清理场地	清理现场,收拾工具	5	未收拾保养工具扣2分;未清理现场扣3分;少收一件工具扣1分	
6	考核时限	5min,到时停止操作考核			
		合计 100 分			

任务 2　自喷井巡回检查

自喷井在生产过程中会出现压力、产液量、气油比、含水变化等各种情况，采油工应及时掌握这些变化，了解油井的生产动态，采取有针对性的管理措施，才能保证油井正常生产。自喷井巡回检查每 4h 进行一次，生产不正常井加密巡查，按各巡回检查点内容逐项进行检查。巡回检查是自喷井管理的一项重要工作，是采油工应会的操作技能。

2.2.1　学习目标

通过学习，使学员掌握自喷井巡回检查的点、内容、要求及注意事项，能够熟知井口流程及检查内容，会判断油井出油情况；能够熟练按照检查内容及要求对加热炉进行检查，能够熟练调整炉火；能够熟练按照检查内容及技术要求对清蜡设备进行检查；能够辨识危害因素和违章行为，消除事故隐患；能够提高个人规避风险的能力，避免安全事故发生；能够在发生人身伤害时进行应急处置。

2.2.2　学习任务

本次学习任务包括检查自喷井井口，检查加热炉，检查自喷井清蜡设备。

2.2.3　背景知识

2.2.3.1　自喷井井口结构

自喷井井口结构如图 2-2-1 所示。

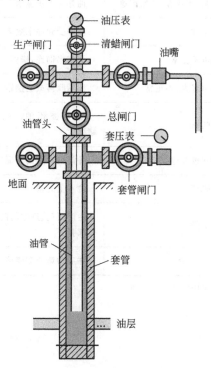

图 2-2-1　自喷井井口结构图

2.2.3.2 现场校对压力表方法

(1) 落零法

就是切断压力源，打开放空，观察压力表是否落零，若落零说明显示的压力值准确，否则说明压力表有误差，要更换新表。

(2) 互换法

就是将量程接近、精度等级相同的两块压力表互换位置，观察显示的压力值是否和原值相等，若相等说明压力表准确，否则要更换新表。

2.2.3.3 油井生产参数变化综合分析

油井生产参数变化综合分析见表 2-2-1。

表 2-2-1　油井生产参数变化综合分析表

压力			产量	气油比	其他情况变化	变化原因	处理方法
油压	套压	流压					
↓	↑	↑	↓	→	清蜡困难	油管堵或结蜡严重	攻蜡、清蜡
↑	↑	↓	↑		清蜡有顶钻现象	油嘴过小或堵塞，出油管线堵塞	更换油嘴，管线解堵
→	↓	→	↓	→	油稠、蜡多	套管漏气	修漏
↓	↓	↓	↓	↑	结蜡点下移	油嘴过大、井下脱气严重	系统试井选择合适油嘴
↓	⇣	↓		↑	清蜡困难，出油含砂	井底砂堵或蜡堵	热洗井或冲砂
⇣	↓		→	⇣	油发黄，带水珠，清蜡困难	油井有见水显示	分析原因、调整水量
↑	↑	↑	↑	→	清蜡正常	油井受到注水效果	保持注水井注水量
↓	↓	↓	↓	↑	出油声不正常	清蜡未彻底，蜡多	彻底清蜡或调整清蜡制度
↓					出油声音大，不正常	油嘴脱落或更换错	检查油嘴
→	↓	→	→	→	出油间歇	套管被死油、砂、蜡堵死	刮蜡、洗井、冲砂
↓	↓	↑		⇣	出油间歇或停喷	井筒内水多或有泥浆	气举、气化水洗井
↓	↓	↑		⇣	回压降低	含水上升快	油井配产、水井调整水量
↑	↑	↑	↓		回压下降	生产阀门、进站阀门未全部打开	检查阀门开关情况
↓	↑	↑	↑		油稠，出砂多	井底砂堵或泥浆堵	改用大油嘴生产、洗井

注：↑上升；↓下降；→平稳不变化；⇣微小下降。

2.2.4 任务实施

2.2.4.1 准备工作

① 正确穿戴劳保用品。

② 准备工具、用具见表 2-2-2。

表 2-2-2　自喷井巡回检查工具、用具表

序号	工具、用具名称	规格	数量	序号	工具、用具名称	规格	数量
1	管钳	600mm	1 把	6	安全带		1 副
2	活动扳手	200mm	1 把	7	巡检本		1 本
3	活动扳手	300mm	1 把	8	记录笔		1 支
4	测温仪		1 台	9	黄油		适量
5	平口螺丝刀	150mm	1 把	10	棉纱		适量

2.2.4.2　操作过程

(1) 检查井口

① 检查井口生产流程，检查各阀门开关是否正确，阀门是否灵活好用。

② 检查油嘴保温套情况，听出油声音是否正常。

③ 检查油、套压，回压表是否校验合格，准确记录压力值；同时要观察油、套压，回压有无变化，若有变化及时查明原因并进行处理、汇报。

④ 检查流程有无脏、松、漏、缺、渗现象，发现问题及时整改。

(2) 检查加热炉

① 检查温度计是否完好，加热炉进、出口温度是否达到规定要求。

② 检查液位计是否完好，水位是否符合要求。

③ 检查安全阀、压力表是否校验合格并在检定期内，炉压是否符合定压要求。

④ 检查防爆门、调风板、烟道挡板是否齐全完好。

⑤ 检查检查供气系统压力是否平稳，阀门开关是否灵活，炉火燃烧是否正常，并调整好火势大小。

⑥ 检查加热炉基础是否牢固、保温层是否完好，加热炉壳体有无鼓包、凹坑、腐蚀等缺陷。

(3) 检查清蜡设备

① 检查清蜡绞车各部件是否齐全完好，电器设备接地是否合格。

② 检查清蜡扒杆各部件是否齐全完好，支架（绷绳）、地锚是否牢固可靠。

③ 检查清蜡钢丝连接是否完好，钢丝有无死弯、硬伤、落地打扭等。

④ 操作完成后清理现场，将工具擦拭干净保养存放。

2.2.5　归纳总结

① 井口各阀门开关灵活，压力表符合使用要求。

② 油井油压、回压波动范围不大于 0.1MPa，套压波动范围不大于 0.05MPa。

③ 加热炉各部件齐全完好，安全阀、压力表符合使用要求。

④ 水套炉水位保持在 1/2～2/3 之间，带压 0.1MPa 以上，油嘴套保温良好，进站温度符合要求。

⑤ 清蜡扒杆脚蹬架牢固，支架（绷绳）与地面成 45°角，固定螺丝牢固。

⑥ 清蜡绞车固定牢靠，各部件齐全完好，灵活好用，电器设备符合要求。

⑦ 清蜡钢丝符合标准，无硬伤、打扭。

⑧ 禁止跨越流程管线，预防发生人身伤害。

⑨ 登高作业时系好安全带，预防发生高空坠落。

⑩ 井场要求清洁无油污，流程、设备等要求不缺、不锈、不松、不漏。

⑪ 应急处置：操作时发生人身意外伤害，应立即停止操作，脱离危险源后立即进行救治，如果伤情较重，立即拨打120急救电话送医院救治并汇报。

2.2.6 拓展链接

自喷井生产过程中由于油品性质、设备状况等原因，管线易出现穿孔漏失故障。针对漏失部位不同，应采取不同的处理方法。

(1) 水套炉液位计有油花

水套炉长时间没加水，液位计出现油花多是炉内油管线穿孔泄漏；若加水时间不长，可能是加水时带进油污。应根据具体情况认真分析，查清原因后进行处理。

(2) 进站管线穿孔渗漏处理

① 查明穿孔的管线及穿孔部位，切断一切火源，消防器材要组织到位。

② 切换流程停止油井生产，关闭该井生产阀门和计量间混输阀门，向上级汇报，联系扫线车和电焊车。

③ 按照扫线规程用氮气车（套管气）对该管线扫线，吹扫干净后关紧计量间混输阀门。

④ 打开放空阀门，放净管线余压，挖出漏点，清理干净油污，冬季要打好防火道。

⑤ 采取管线补漏措施或更换管线后，恢复正常生产。

2.2.7 思考练习

① 自喷井回压升高的原因有哪些？

② 自喷井油压下降的原因是什么？

2.2.8 考核

2.2.8.1 考核规定

① 如违章操作，将停止考核。

② 考核采用百分制，考核权重：知识点（30%），技能点（70%）。

③ 考核方式：本项目为实际操作考题，考核过程按评分标准及操作过程进行评分。

④ 测量技能说明：本项目主要测试考生对自喷井巡回检查内容掌握的熟练程度。

2.2.8.2 考核时间

① 准备工作：1min（不计入考核时间）。

② 正式操作时间：20min。

③ 在规定时间内完成，到时停止操作。

2.2.8.3 考核记录表

自喷井巡回检查考核记录表见表2-2-3。

表 2-2-3 自喷井巡回检查考核记录表

序号	考核内容	评分要素	配分	评分标准	备注
1	准备工作	选择工具、用具:劳保着装整齐,600mm 管钳 1 把,200mm 活动扳手 1 把,300mm 活动扳手 1 把,150mm 螺丝刀 1 把,测温仪 1 台,污油桶 1 个,安全带 1 副,记录笔 1 支,巡检本 1 本,黄油、棉纱适量	5	未正确穿戴劳保不得进行操作,本次考核直接按零分处理;未准备工具、用具及材料扣 5 分;少选一件扣 1 分	
2	检查井口	检查井口流程是否正常,各阀门是否灵活好用,检查油嘴套情况,检查出油情况,检查各压力表校验合格,记录压力值,观察压力变化情况	35	未检查此项不得分;未检查井口流程扣 5 分;未检查生产阀门扣 3 分;未检查总阀门扣 2 分;未检查套管阀门扣 2 分;未检查油嘴套扣 2 分;未检查出油情况扣 5 分;未检查压力表扣 5 分;未记录压力值扣 5 分;未观察压力变化扣 5 分	
3	检查加热炉	检查加热炉进出口温度,检查液位计水位合格,检查安全阀、压力表校验合格在有效期内,检查烟囱、绷绳、固定螺丝完好,检查防爆门、调风板、烟道挡板完好,检查检查供气系统压力正常,阀门灵活好用,检查调整炉火,检查加热炉壳体、基础、保温层	30	未检查此项不得分;未检查加热炉进出口温度扣 5 分;未检查液位计水位扣 5 分;未检查安全阀扣 3 分;未检查压力表扣 3 分;未检查烟囱扣 1 分;未检查防爆门扣 2 分;未检查调风板、烟道挡板各扣 2 分;未检查供气系统压力扣 1 分;未检查供气阀门扣 2 分;未检查炉火扣 5 分;不会调整炉火扣 5 分;未检查加热炉基础扣 1 分;未检查加热炉外壳扣 1 分	
4	检查清蜡设备	检查清蜡绞车各部件齐全完好,检查电器设备接地合格,检查清蜡扒杆、支架(绷绳)、地锚等符合要求,检查清蜡钢丝完好	25	未检查此项不得分;未检查清蜡绞车各部件扣 5 分;未检查清蜡扒杆各部件扣 2 分;未检查支架(绷绳)扣 5 分;未检查地锚扣 2 分;未检查滑轮扣 2 分;未检查钢丝情况扣 5 分;登高作业未系安全带扣 5 分	
5	清理场地	清理现场,收拾工具	5	未收拾保养工具扣 2 分;未清理现场扣 3 分;少收一件工具扣 1 分	
6	考核时限	20min,到时停止操作考核			

合计 100 分

任务 3 自喷井机械清蜡

自喷井机械清蜡就是利用清蜡钢丝连接专门的工具通过清蜡绞车下入油井中,用以刮除掉聚结黏附在油管壁上的蜡,并靠上升油流将刮下的蜡带至地面的清蜡方法。机械清蜡是自喷井管理的一项非常重要的工作,也是采油工必须掌握的操作技能。

2.3.1　学习目标

通过学习，使学员熟练掌握自喷井机械清蜡的作用及操作程序，能够熟练检查清蜡设备和清蜡工具；能够熟练控制绞车下放清蜡工具刮蜡，能够熟练进行遇阻、顶钻处理；能够熟练操作电动绞车上提清蜡工具，能够熟练进行卡钻处理。能够辨识操作过程中的危害因素和违章行为，消除事故隐患；能够提高个人规避风险的能力，避免安全事故发生；能够在发生人身伤害时进行应急处置。

2.3.2　学习任务

本次学习任务包括检查井口设备，检查清蜡设备，下放清蜡工具清蜡，上提清蜡工具，检查清蜡工具，录取资料。

2.3.3　背景知识

2.3.3.1　防喷管作用

(1) 防喷管的作用

防喷管用 ϕ73mm（2½in）油管制作，它的作用有两个，一是在清蜡前后起下清蜡工具及溶化刮蜡片带上来的蜡；二是各种测试、试井时的工具起下、放空用。

(2) 丝堵防喷盒作用

丝堵防喷盒装在防喷管顶部，结构见图 2-3-1。防喷盒内加入密封盘根，和清蜡油杯配合，密封钢丝和防喷管，防止起下清蜡工具时发生油气泄漏。

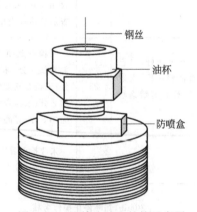

图 2-3-1　丝堵防喷盒结构示意图

2.3.3.2　刮蜡片检查内容

① 将刮蜡片清洗干净，检查刮蜡片有无损伤，常用"8"字形刮蜡片结构见图 2-3-2。

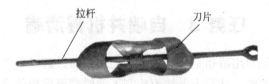

图 2-3-2　常用"8"字形刮蜡片结构图

② 用游标卡尺测量刮蜡片直径是否符合要求。上端直径必须小于下端 1~2mm，各方

向误差小于 1mm，缝宽不大于 5mm。

③ 检查刮蜡片是否变形，刀刃是否卷刃。

④ 检查各焊口处是否有开焊、裂痕。

⑤ 检查各连接部件是否牢固。

⑥ 检查拉杆是否垂直，拨转刮蜡片转动是否灵活。

2.3.3.3　电动清蜡绞车技术规范及结构名称

(1) 技术规范

电动清蜡绞车技术规范见表 2-3-1。

表 2-3-1　电动清蜡绞车技术规范

电动机功率/kW	1.5	钢丝直径/mm	2.0
电动机转速/(r/min)	1400	滚筒直径/mm	190
传动比	30∶1	滚筒宽度/mm	245
平均绳速/(m/min)	35	滑轮直径/mm	200
容绳量/m	2500	绞车总重量/kg	230

(2) 结构

电动清蜡绞车结构见图 2-3-3。

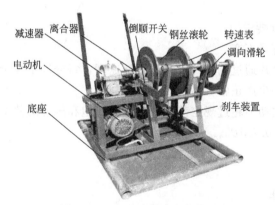

图 2-3-3　电动清蜡绞车结构图

2.3.3.4　清蜡过程中故障处理

(1) 钻具下不去的原因及处理

① 清蜡阀门未开大或闸板掉落。检查开大或维修阀门。

② 防喷管内有死油或死蜡。给防喷管加温将死油或蜡熔化。

③ 防喷盒盘根过紧或油杯里未加机油。调整盘根松紧合适，给油杯加注机油。

④ 滑轮转动不灵活或钢丝跳槽。检查原因并进行处理。

⑤ 开清蜡阀门过猛，油气冲力大使铅锤上移，造成连接环错乱放横。平稳缓慢开阀门，放空后提钻具出防喷管。

⑥ 刮蜡片不合格或下放过猛，使刮蜡片下端碰撞。按下钻速度要求平稳操作。

(2) 顶钻原因与处理

油井结蜡严重，清蜡时刮下来的蜡和稠油将刮蜡片堵死，油流不通，造成上、下压差，油流向上顶刮蜡片的现象称为顶钻。顶钻原因有以下五种情况。

① 油井清蜡不彻底，造成结蜡严重、油稠、带蜡棒子。

② 高速上起钻具时突然停止，或起起放放，操作不平稳。

③ 铅锤重量不够，或刮蜡片在井内时，关井检查处理油嘴后开生产阀门太猛，造成顶钻。

④ 清蜡制度不合理，次数少或深度不够。

⑤ 清蜡工具不符合要求。

顶钻处理方法：发现顶钻现象后，要加快上起速度，严重时应一人快摇绞车，一人控制（关小或关闭）生产阀门，防止钢丝打扭；在下钻时发现顶钻现象不要强下，需起出刮蜡片检查，然后再进行清蜡。

（3）钢丝跳槽原因与处理

① 跳槽原因：

ⅰ. 下钻速度快，突然遇阻。

ⅱ. 操作不平稳，钢丝剧烈跳动。

ⅲ. 滑轮固定螺丝松，天、地滑轮不正。

ⅳ. 滑轮边上有缺口或钢丝打弯严重。

ⅴ. 防跳器松动，上起时顶钻。

② 预防与处理：仔细观察，平稳操作，发现跳槽现象，不要急刹车，应将密封盘根紧死，松开防跳器，将钢丝放入滑轮槽中，再缓慢上起。起出刮蜡片，详细检查钢丝，确定无问题后再继续下钻。

2.3.3.5 清蜡质量要求

① 起出的刮蜡片直径不变。

② 起下顺利，刮蜡片通过结蜡井段时的下钻速度，每分钟不少于6m。

③ 井筒畅通，油井生产正常，不带硬蜡。

④ 清蜡前后油压波动不超过规定范围，流压低于饱和压力的井不超过0.2MPa，流压高于饱和压力的井不超过0.1MPa。

2.3.4 任务实施

2.3.4.1 准备工作

① 正确穿戴劳保用品。

② 准备工具、用具见表2-3-2。

③ 具备清蜡条件的自喷井一口，清蜡设备齐全。

表2-3-2 自喷井机械清蜡工具、用具表

序号	工具、用具名称	规格	数量	序号	工具、用具名称	规格	数量
1	管钳	600mm	1把	7	污油桶		1个
2	活动扳手	300mm	1把	8	安全带		1副
3	游标卡尺	150mm	1把	9	机油		适量
4	钢丝钳	200mm	1把	10	棉纱		适量
5	油嘴专用扳手		1把	11	记录笔		1支
6	铲刀		1把	12	记录纸		1张

2.3.4.2　操作过程

(1) 检查井口设备

① 检查井口流程各阀门开关正确无渗漏，观察油井出油是否正常。

② 检查清蜡阀门、生产阀门、防喷管放空阀门灵活好用。

③ 检查井口压力表校验合格，压力是否正常，记录油压、套压、回压值和出油温度。

(2) 检查清蜡设备

① 检查电动绞车电路开关要安全好用；检查清蜡绞车钢丝排列整齐，钢丝符合标准，无死扭、无硬弯、无损伤、无锈蚀；检查变速箱机油在 1/2～2/3 之间；检查转数表归零；检查刹车灵活好用；检查倒顺开关好用，离合器灵活好用，导向滑轮、防跳装置等转动部分灵活；检查电机运转正常，电器设备接地要合格。

② 检查清蜡扒杆与地面垂直，与防喷管平行，连接卡子紧固；检查脚蹬架牢固，绷绳（支架）与地面成 45°角，绷绳与地锚连接绷紧且牢固可靠（若是支架要检查支架焊接是否牢固）；系好安全带，检查顶部滑轮要润滑良好，与井口对中，螺钉紧固，防跳装置完好。

③ 检查确认清蜡阀门已关闭，开防喷管放空阀门，确认防喷管内无压后，边活动边卸下丝堵防喷盒。

④ 手摇绞车，缓慢将清蜡工具提出防喷管，用刹车将滚筒固定。检查刮蜡片符合要求；检查钢丝接头质量合格；检查铅锤和防掉器各连接部件牢固可靠，连接环锁紧。

(3) 清蜡

① 松刹车，将清蜡工具缓慢放入防喷管内，上紧丝堵防喷盒，关闭放空阀门。侧身缓慢打开清蜡阀门，检查钢丝密封器是否有漏失，调整钢丝盘根松紧合适，油杯内加满机油。

② 缓慢下放清蜡工具，待下过记号后，用刹车控制下放速度，下放速度要平稳均匀。

③ 在下放过程中，要注意观察钢丝的松紧及滑轮转动情况，以防钢丝打扭、跳槽。下放到预定深度后，用刹车将滚筒固定并锁死，停留 10～20min 排蜡，并到井口检查，用手压钢丝活动，抖掉挂蜡。

(4) 上提清蜡工具

① 合电源闸刀，松开刹车，将倒顺开关拨到上起位置，启动电机开始上提清蜡工具，要认真观察转数表。

② 转数表转到剩 50 圈时，停止电机，改用手摇绞车，缓慢将清蜡工具摇进防喷管内。

③ 压紧钢丝，将清蜡阀门关到 2/3 位置，松钢丝下放清蜡工具探闸板 2～3 次，听到清脆的探闸板声确认清蜡工具进入防喷管后，关闭清蜡阀门。

(5) 检查清蜡工具

① 打开防喷管放空阀门放空，确认防喷管内无压后，侧身边活动边卸下丝堵防喷盒。

② 将清蜡工具提出防喷管进行清洗和检查后重新放入防喷管内。

③ 上紧丝堵防喷盒，关闭放空阀门。

(6) 录取资料

① 检查记录油、套压及回压变化情况，观察油井出油情况。

② 检查刮蜡片带蜡量及蜡性，记录清蜡时间、下入深度、结蜡点深度等数据并填入报表。

③ 操作完成后清理现场，将工具擦拭干净保养存放。

2.3.5 归纳总结

① 根据油井结蜡规律制定清蜡工作制度，包括时间、次数和深度。达到井筒畅通，起下顺利，不带硬蜡，生产正常。

② 清蜡工作制度的制定和更改应由清蜡组全体人员摸索规律并经论证后提出，由主管领导或技术人员批准后方可实施；新换清蜡工具，必须由专业技术人员鉴定合格后方可下井。

③ 新井和作业井投产 16h，必须进行清蜡。

④ 精力集中，平稳操作，做到"深通慢起下，勤活动、多打蜡，遇阻不强下，遇卡不硬拔，遇顶加快摇，前后细观察，起剩 50 圈改手摇，转数表归零方停下"。即：

ⅰ.正常井清蜡工具下放速度为 40～50m/min，预防钢丝落地、打扭和跳槽。

ⅱ.下清蜡工具遇阻时要勤活动钢丝多抖蜡，判明情况，不能猛顿硬下。

ⅲ.上起清蜡工具遇卡时，要上下反复活动钢丝，不能硬拔，防止刮蜡片卡死。

ⅳ.结蜡严重的井要勤压钢丝抖蜡，上提清蜡工具时注意油压变化情况，以防顶钻，遇顶时关小或关闭生产阀门，加快上提速度（可背起钢丝跑），防止钢丝打扭。

ⅴ.清蜡工具上提、下放过程中发现转数表跳位、卡字要立即停车，核对深度后再进行操作。

⑤ 严格执行"三有、四不关、六不下"原则。

ⅰ.三有：有清蜡制度；有"零点"记号；有预防事故的措施。

ⅱ.四不关：转数表不归零不关；记号与下井前对不准不关；听不见探闸板声不关；清蜡工具未进入防喷管不关。

ⅲ.六不下：井下情况不清楚不下；刮蜡片未检查或检查不合格不下；钢丝接头等各连接部件未检查或不合格不下；绞车部件失灵有故障不下；新制定的清蜡措施未经论证批准不下；新更换的清蜡工具未经专业人员鉴定合格不下。

⑥ 每次清蜡后，必须将刮蜡片提出防喷管进行除蜡和清洗检查；定期更换刮蜡片，防止刮蜡片在井筒中走同一轨迹。

⑦ 关清蜡阀门前必须探闸板，防止发生掉落事故。清蜡过程中若发生掉落事故，清蜡人员不得擅自处理，要立即向上级汇报，认真研究制定措施后再进行处理。

⑧ 高空作业时系好安全带，工具系好安全绳，防止发生高空坠落。

⑨ 应急处置：操作时发生人身意外伤害，应立即停止操作，脱离危险源后立即进行救治，如果伤情较重，立即拨打 120 急救电话送医院救治并汇报。

2.3.6 拓展链接

刮蜡片清蜡设备技术标准如下。

① 铅锤参数：铅锤直径 45mm；长度有 1.4m、1.6m、1.85m 三种；重量为 14～24kg。

② 刮蜡片（"8"字形）：上部直径比油管直径小 3～4mm，下部直径比油管直径小 2mm；采用玻璃衬里油管时，上端小 5～6mm，下端小 4mm；拉杆长度为 370mm，刀片长度 200mm；上端小于下端 1～2mm，各方向误差小于 1mm，缝宽不大于 5mm，两尖端向内有 15°弯角；要求强度大不变形，刀片锋利，转动灵活，拉杆垂直，焊点光滑牢固。

③ 连接环：刮蜡片和铅锤的连接，用开口丝扣连接环，上下戴防松螺帽。

④ 防喷管：用 ϕ73mm 油管制作，长度 2.2～2.4m。

⑤ 清蜡扒杆：由直径 ϕ76mm 的钢管焊成脚蹬架，高度为 8m～12m，用卡子固定在防喷管上，与防喷管平行，扒杆顶端焊有 4 个绷绳环，前后各两根绷绳，（或焊成支架）与地面成 45°角，用花兰螺丝和滑杆螺丝与地锚连接绷紧。

⑥ 滑轮直径 220mm，安装有防跳槽装置。

⑦ 转数表准确、灵敏，正反转皆可。

⑧ 钢丝直径 1.8～2.5mm，经拉力检验合格，使用时排列整齐，每半年进行更换。

⑨ 清蜡绞车零部件齐全完好，电动绞车有安全闸刀。

2.3.7　思考练习

① 清蜡工具下到预定深度后为什么要停留一段时间？

② 刮蜡片直径为什么要上小下大？

③ 清蜡后关闭清蜡阀门前为什么要探闸板？

2.3.8　考核

2.3.8.1　考核规定

① 如违章操作，将停止考核。

② 考核采用百分制，考核权重：知识点（30％），技能点（70％）。

③ 考核方式：本项目为实际操作考题，考核过程按评分标准及操作过程进行评分。

④ 测量技能说明：本项目主要测试考生对机械清蜡操作掌握的熟练程度。

2.3.8.2　考核时间

① 准备工作：1min（不计入考核时间）。

② 正式操作时间：25min。

③ 在规定时间内完成，到时停止操作。

2.3.8.3　考核记录表

自喷井机械清蜡考核记录表见表 2-3-3。

表 2-3-3　自喷井机械清蜡考核记录表

序号	考核内容	评分要素	配分	评分标准	备注
1	准备工作	选择工具、用具；劳保着装整齐，600mm 管钳 1 把，300mm 活动扳手 1 把，150mm 游标卡尺 1 把，钢丝钳 1 把，铲刀 1 把，油嘴专用扳手 1 把，污油桶 1 个，安全带 1 副，记录笔 1 支，记录纸 1 张，机油、棉纱适量	5	未正确穿戴劳保不得进行操作，本次考核直接按零分处理；未准备工具、用具及材料扣 5 分；少选一件扣 1 分	
2	检查井口设备	检查井口流程是否正常，检查清蜡阀门、生产阀门、防喷管放空阀门是否灵活好用，检查油井出油情况，检查压力表校验合格，观察压力是否正常，记录压力值、出油温度	10	未检查井口设备此项不得分；未检查井口流程扣 5 分；未检查清蜡阀门扣 3 分；未检查防喷管放空阀门扣 3 分；未检查生产阀门扣 1 分；未检查出油情况扣 2 分；未检查压力表扣 1 分；未记录压力值、出油温度各扣 1 分；登高作业未系安全带扣 5 分	

续表

序号	考核内容	评分要素	配分	评分标准	备注
3	检查清蜡设备	检查电动绞车各部件齐全完好、灵活好用，检查清蜡扒杆符合要求、各部件完好，打开防喷管放空放掉余压，缓慢卸掉丝堵防喷盒提出清蜡工具，检查清蜡工具各部件是否正常完好	20	未检查此项不得分；电动绞车电路开关、钢丝、机油、转数表、刹车、离合器、倒顺开关、导向滑轮、防跳器、电机、电机接地少检查一项扣2分；清蜡扒杆、脚蹬架、绷绳连接、顶部滑轮、螺钉、防跳装置、钢丝对中少检查一项扣2分；卸丝堵、摇绞车、高处检查时不缓慢平稳操作各扣1分；刮蜡片（麻花钻）、钢丝接头、铅锤、连接环少检查一项扣3分；登高作业未系安全带扣5分	
4	清蜡	将清蜡工具放入防喷管内，紧丝堵防喷盒，关放空阀门，打开清蜡阀门，调整盘根，油杯加机油，用刹车控制速度下放清蜡工具，下到预定深度后停留10～20min排蜡，并手压钢丝抖掉挂蜡	20	丝堵防喷盒未上紧扣2分；未关放空扣5分；开阀门未侧身扣2分；未检查钢丝密封器渗漏情况扣3分；未检查调整盘根扣2分；油杯未加机油扣1分；下放清蜡工具精力不集中、操作不平稳扣2分；下放速度不平稳均匀扣5分；钢丝出现跳槽、打扭扣5分；未停留或时间不够就上提扣2分；不压钢丝抖挂蜡扣1分；工具使用不当扣1分；遇阻不会处理扣5分	
5	上提清蜡工具	合电源闸刀，倒顺开关拨到上起位置，启动电机上提清蜡工具，起到剩50圈时停止电机改用手摇清蜡工具进防喷管，关清蜡阀门2/3探闸板，关闭清蜡阀门	15	清蜡工具未进入防喷管就关清蜡阀门此项不得分；上提清蜡工具不认真观察转数表、操作不平稳扣3分；倒顺开关拨错位置扣2分；转数表剩50圈时未改用手摇扣10分；手摇绞车不缓慢平稳扣2分；未探闸板就关清蜡阀门扣10分；不知道关清蜡阀门位置扣5分；关阀门不侧身扣1分；操作不平稳扣1分；不会处理顶钻、卡钻扣10分	
6	检查清蜡工具	开防喷管放空阀门，确认无压后卸丝堵防喷盒提出清蜡工具，清洗检查后放入防喷管，上紧丝堵，关闭放空阀门	15	未清洗检查清蜡工具此项不得分；未放空就卸丝堵扣5分；卸丝堵不缓慢平稳扣2分；清蜡工具未放入防喷管扣2分；未上紧丝堵扣3分；未关放空阀门扣2分；登高作业未系安全带扣5分；操作不平稳扣1分	
7	录取资料	检查记录压力变化情况，观察油井出油情况，记录清蜡数据，填写入报表	10	未检查记录油压、套压、回压变化情况扣2分；不观察出油情况扣2分；清蜡时间、下入深度、结蜡点少检查一项扣2分；未检查刮蜡片带蜡量和蜡性扣1分；未填写报表扣1分	
8	清理场地	清理现场，收拾工具	5	未收拾保养工具扣2分；未清理现场扣3分；少收一件工具扣1分	
9	考核时限	25min，到时停止操作考核			
		合计100分			

任务 4　检查更换自喷井油嘴

油嘴是自喷井井口装置上主要附件之一。在油井生产过程中，可以调节和控制油井的生产压差和产量。油嘴使用一段时间后，由于油气的冲刷腐蚀、原油中所含泥沙杂质的磨损、油井结蜡等因素造成油嘴的刺大、脱落和堵塞现象，影响油井的正常生产，必须经常对其进行检查和更换，才能保证油井长期的顺利生产和高产、稳产。所以检查更换油嘴是自喷井管理的重要工作，也是采油工必须掌握的操作技能。

2.4.1　学习目标

通过学习，使学员掌握油嘴的作用及检查更换油嘴的操作程序，正确使用检查更换油嘴所用的管钳、油嘴扳手、游标卡尺等工具；能够熟练切换井口流程；能够正确开关阀门；能够正确装卸丝堵和油嘴；能够准确检测油嘴；能够辨识操作过程中的危害因素和违章行为，消除事故隐患；能够提高个人规避风险的能力，避免安全事故发生；能够在发生人身伤害时进行应急处置。

2.4.2　学习任务

本次学习任务包括检查倒好流程，检查更换油嘴，倒回原流程，录取生产资料。

2.4.3　背景知识

2.4.3.1　油嘴的作用

油嘴在油井生产过程中起着调节油井采油压差、减少气体影响、控制油井生产的作用，是重要节流部件。改变油嘴的大小，就可以调节和控制油井的生产压差和产量。采油过程中要通过系统试井来选取合适的油嘴，以获得较高的产量和较低的气油比，使流动压力高于饱和压力，含水、含砂长期保持较低的水平，控制合理的生产压差，充分发挥油层本身能量，保证油井长期的高产稳产，提高油田最终采收率。

2.4.3.2　油嘴的分类、结构和规格

油嘴是一个中心带孔，外面加工有螺纹的钢制圆柱体。按照油嘴安装位置的不同，可分为地面油嘴和井下油嘴两类。井下油嘴安装在井下分层配产器上，地面油嘴安装在生产阀门外侧的油嘴套内，或者安装在水套炉出口管线的油嘴套内。地面油嘴又分为井口螺帽式简易油嘴（图 2-4-1）、卡扣式井口简易油嘴（图 2-4-2）、滤网式油嘴和可调式油嘴等。地面油嘴的规格，按照油嘴直径大小可分为 44 种，孔径最小的 1.5mm，最大的 20mm。常用的油嘴多为螺帽式井口简易油嘴，规格一般在 2～10mm 之间选择。

2.4.3.3　卸油嘴放空时压力放不掉的原因与处理

① 上、下流阀门未关紧或关闭不严密。关紧阀门或找出关不严的原因并进行处理。

② 放空阀门冻堵或丝杆动闸板不动。解除阀门冻堵或处理维修阀门。

③ 压力表有误差。检查更换压力表进行处理。

④ 油嘴被蜡堵死。可采取关闭总阀门，打开清蜡阀门，从防喷管放空放压等处理。

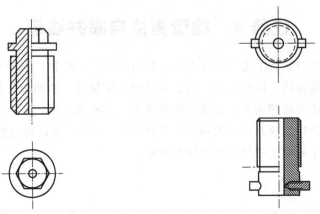

图 2-4-1　井口螺帽式简易油嘴示意图　　　图 2-4-2　卡扣式井口简易油嘴示意图

2.4.3.4　油嘴堵塞原因

① 油井结蜡严重，刮下来的蜡不能全部溶化，有小蜡块将油嘴堵死。

② 井液中含有的泥浆、砂粒等杂质将油嘴堵死。

③ 油嘴套保温不好，造成蜡堵油嘴。

2.4.4　任务实施

2.4.4.1　准备工作

① 正确穿戴劳保用品。

② 准备工具、用具见表 2-4-1。

③ 正常生产自喷井一口，井口配件齐全。

表 2-4-1　检查更换自喷井油嘴工具、用具表

序号	工具、用具名称	规格	数量	序号	工具、用具名称	规格	数量
1	管钳	600mm	1把	7	污油桶		1个
2	活动扳手	375mm	1把	8	生料带		1卷
3	游标卡尺	150mm	1把	9	黄油		适量
4	油嘴专用扳手		1把	10	棉纱		适量
5	规格合适油嘴		1个	11	记录笔		1支
6	铁丝		1段	12	记录纸		1张

2.4.4.2　操作过程

(1) 检查倒好流程

① 检查油井油压、套压、回压值是否正常，检查压力表校验合格并在有效期内。

② 检查油嘴套上、下流阀门，放空阀门开关是否灵活。

③ 调小加热炉炉火。

④ 侧身关闭生产阀门，侧身关闭进站阀门（双翼流程先打开另一侧生产阀门和进站阀门）。

⑤ 观察风向，站在上风口，用污油桶接好，缓慢打开放空阀门放压至回压表归零（油嘴堵死时，可关闭总阀门，打开清蜡阀门，从防喷管放掉压力）。

（2）检查更换油嘴

① 用管钳卸丝堵，边卸边活动，确认无余压后取下丝堵。

② 侧身用铁丝疏通油嘴，确认无问题后，用油嘴专用扳手卸下油嘴，清洗油嘴及油嘴套。

③ 用游标卡尺检测油嘴孔径大小，并记录下来，若不合格要更换新油嘴。

④ 确认油嘴符合要求后用油嘴扳手对正上紧。

⑤ 清理干净丝堵螺纹，逆时针缠好密封胶带，用管钳上紧丝堵。

（3）倒回原流程

① 关闭放空阀门，缓慢打开进站阀门，观察丝堵有无渗漏。

② 确认无渗漏后侧身缓慢打开生产阀门（双翼流程关闭另一侧生产阀门和进站阀门）。

③ 观察油压、回压变化情况，确认生产正常后，调整好加热炉火。

（4）录取生产资料

① 记录好回压、油压、套压值，对油井进行量油、测气，并将资料填入报表。

② 操作完成后清理现场，将工具擦拭干净保养存放。

2.4.5　归纳总结

① 开关阀门侧身平稳操作，预防丝杠打出造成人身伤害。

② 卸丝堵和油嘴时必须放净压力，并用通针通油嘴，侧身缓慢操作，预防造成人身伤害。

③ 更换油嘴要测量准确，孔径误差小于 0.1mm。若油嘴尺寸过小，游标卡尺测不了，可用直尺十字交叉测量取平均值。

④ 油嘴装置要清理干净，不能有脏物、异物。

⑤ 装卸油嘴不能用力过猛，防止损坏油嘴和油嘴扳手。

⑥ 油嘴要上紧，防止掉落。

⑦ 正确使用工具，预防滑脱发生人身伤害。

⑧ 应急处置：操作时发生人身意外伤害，应立即停止操作，脱离危险源后立即进行救治，如果伤情较重，立即拨打 120 急救电话送医院救治并汇报。

2.4.6　拓展链接

自喷井油嘴除常用的普通油嘴外，还有可调式油嘴和滤网式油嘴。

（1）可调式油嘴

可调式油嘴又称万能油嘴（图 2-4-3），是在一个阀门的闸板上钻一排孔径由小到大的孔眼，旋转阀门手轮到一定位置，就可使闸板上的不同孔径的孔眼对准阀门通道，从而达到调整更换油嘴的目的。

（2）滤网式油嘴

滤网式油嘴是在螺帽式油嘴或卡扣式油嘴前边焊一个圆锥形钢丝布滤网，其目的是防止油井中出来的小蜡块等把油嘴堵死。

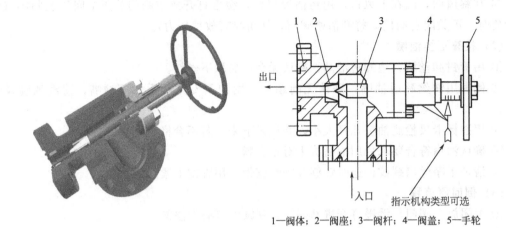

1—阀体；2—阀座；3—阀杆；4—阀盖；5—手轮

图 2-4-3 可调式油嘴结构示意图

2.4.7 思考练习

① 检查更换自喷井油嘴的目的是什么？

② 油嘴损坏的原因主要有哪些？

2.4.8 考核

2.4.8.1 考核规定

① 如违章操作，将停止考核。

② 考核采用百分制，考核权重：知识点（30%），技能点（70%）。

③ 考核方式：本项目为实际操作考题，考核过程按评分标准及操作过程进行评分。

④ 测量技能说明：本项目主要测试考生对检查更换油嘴操作掌握的熟练程度。

2.4.8.2 考核时间

① 准备工作：1min（不计入考核时间）。

② 正式操作时间：15min。

③ 在规定时间内完成，到时停止操作。

2.4.8.3 考核记录表

检查更换自喷井油嘴考核记录表见表 2-4-2。

表 2-4-2 检查更换自喷井油嘴考核记录表

序号	考核内容	评 分 要 素	配分	评 分 标 准	备注
1	准备工作	选择工具、用具：劳保着装整齐，600mm 管钳 1 把，375mm 活动扳手 1 把，150mm 游标卡尺 1 把，油嘴专用扳手 1 把，规格合适的油嘴 1 个，铁丝 1 段，污油桶 1 个，生料带 1 卷，记录笔 1 支，记录纸 1 张，黄油、棉纱适量	5	未正确穿戴劳保不得进行操作，本次考核直接按零分处理；未准备工具、用具及材料扣 5 分；少选一件扣 1 分	

续表

序号	考核内容	评 分 要 素	配分	评 分 标 准	备注
2	检查倒好流程	检查油井油压、套压、回压值,检查压力表,记录油、套压值,检查油嘴套上、下流阀门,检查放空阀门,调小加热炉火,关生产阀门、进站阀门,站在上风口开放空阀门放压	30	不会倒流程此项不得分;未检查油套回压值扣2分;未检查压力表扣2分;未记录油、套压值扣3分;未检查油嘴套上、下流阀门扣2分;未检查放空阀门扣2分;未调小炉火扣2分;未关生产阀门扣5分;未关进站阀门扣5分;未放空卸压扣5分;未站在上风口扣3分;未用污油桶扣3分;开关阀门未侧身扣5分	
3	检查更换油嘴	卸下丝堵,卸下油嘴,检测油嘴孔径并记录,对正上紧油嘴,上紧丝堵	30	卸丝堵未侧身缓慢扣5分;卸油嘴用力过猛扣3分;未用铁丝通油嘴扣5分;未清洗油嘴扣3分;未检测油嘴扣5分;不会使用游标卡尺扣5分;不知道油嘴误差标准扣3分;油嘴未对正上紧扣5分;未清理丝堵螺纹扣1分;未缠密封带或缠反扣1分;未上紧丝堵扣3分;工具使用不当扣3分;操作不平稳扣2分	
4	倒回原流程	关放空阀门,开进站阀门,开生产阀门,观察油压、回压变化情况,调整加热炉火	20	未关放空阀门扣5分;开关阀门未侧身缓慢扣3分;未观察油压、回压变化扣5分;未检查渗漏情况扣2分;未调整炉火扣2分;操作不平稳扣1分	
5	录取生产资料	记录回压、油压、套压值,量油测气,填写报表	10	未记录油压、套压、回压值扣2分;未量油测气检查出油情况扣2分;未填写报表扣1分	
6	清理场地	清理现场,收拾工具	5	未收拾保养工具扣2分;未清理现场扣3分;少收一件工具扣1分	
7	考核时限	15min,到时停止操作考核			

合计 100 分

任务 5 自喷井开井

自喷井开井有新井开井和油井作业后开井,开井的目的是为了把地下的油气开采到地面上来。熟练正确地切换流程,进行自喷井开井是油井正常生产、设备安全运行的重要保障,是采油工必须掌握的操作技能。

2.5.1 学习目标

通过学习,使学员掌握自喷井开井的操作程序,正确使用开井所用的管钳、油嘴扳手、游标卡尺,点火枪、安全带等工具;能够正确开关阀门,能够熟练检查并倒通井、站流程,能够熟练检查水套炉,按操作规程给水套炉加水、点火;能够正确安装、调整和检查清蜡设备;能够正确检测、安装油嘴;能够准确录取压力、产量等生产资料;能够辨识操作过程中的危害因素和违章行为,消除事故隐患;能够提高个人规避风险的能力,避免安全事故发生;能够在发生人身伤害时进行应急处置。

2.5.2 学习任务

本次学习任务包括检查倒通井、站流程，水套炉检查、加水、点火预热，安装清蜡绞车、立扒杆、连接清蜡工具，检查安装油嘴，开井生产，录取生产数据。

2.5.3 背景知识

2.5.3.1 自喷井井口流程
(1) 井口流程

自喷井井口流程有单翼流程和双翼流程两种，自喷井井口双翼流程见图 2-5-1。

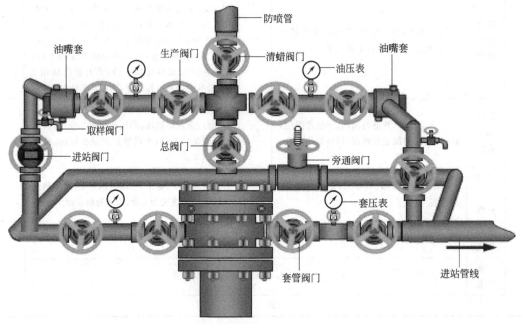

图 2-5-1　自喷井井口双翼流程示意图

(2) 井口流程作用

① 调节和控制油井的油、气产量。
② 录取油井的第一手动态资料，如油压、套压、产量和井口取样等。
③ 对油井产物和井口设备进行加热保温。
④ 计量油、气产量。

(3) 采油树组成

以国产 CY250 采油树为例，采油树由采油树套管四通、左右套管阀门、油管头、油管四通、总阀门、左右生产阀门、测试阀门或清蜡阀门（封井器）、油管挂顶丝、卡箍、钢圈及其他附件组成。

2.5.3.2 清蜡设备安装方法
(1) 清蜡绞车

清蜡绞车是自喷井机械清蜡的主要地面设备，通过电动机传递动力，经减速器后由输出轴带动滚筒转动，滚筒上缠绕有钢丝，带动清蜡工具下放和上提，完成油井清蜡。要求摆放在距井口 10m 左右距离的正前方位置，各部件齐全完整，性能灵活好用。

（2）清蜡扒杆

清蜡扒杆立在采油树背面，与防喷管平行，与地面垂直，用卡子和防喷管固定在一起，顶端滑轮与井口防喷管对中。扒杆顶端焊有四个绷绳环，前后各两根绷绳，分别与四个地锚用花兰螺丝和滑杆螺丝连接绷紧，地锚到井口的距离等于扒杆的高度。

（3）刮蜡片接头连接方法

① 取足够长的钢丝穿入油杯和防喷盒，从钢丝活头的端部量起取 700～800mm 长，往回折弯 180°合成双股，分为主股和副股，在折回处取约 15mm 折成 90°弯。

② 将折好的双股钢丝穿过刮蜡片拉杆铁环，在距弯头 50～60mm 处往回折弯 180°，成四股。

③ 将四股钢丝合拢拉紧，交叉叠成梨形环。

④ 将副股钢丝从紧贴着梨形环处围绕另三股钢丝快速缠绕 12～14 圈，必须缠紧，缠过 90°弯头后再在主股上缠绕 3～5 圈，用手将剩余的副股钢丝扭曲折断。

⑤ 最后用钢丝钳将 90°弯头与所缠绕的钢丝合拢。

2.5.4　任务实施

2.5.4.1　准备工作

① 正确穿戴劳保用品。

② 准备工具、用具见表 2-5-1。

③ 自喷井井口配件齐全，清蜡设备、加热设备齐全，井站计量设备完好。

表 2-5-1　自喷井开井工具、用具表

序号	工具、用具名称	规格	数量	序号	工具、用具名称	规格	数量
1	管钳	600mm	1 把	9	安全带		1 副
2	活动扳手	200mm	1 把	10	铁丝		1 段
3	活动扳手	300mm	1 把	11	污油桶		1 个
4	油嘴专用扳手		1 把	12	生料带		1 卷
5	合格油嘴		1 套	13	黄油		适量
6	游标卡尺	150mm	1 把	14	棉纱		适量
7	点火枪		1 个	15	记录笔		1 支
8	合适规格压力表		4 块	16	记录纸		1 张

2.5.4.2　操作过程

（1）检查倒通流程

① 新井开井要对地面流程管线进行试压、吹扫。

② 检查井口流程各部件连接完好无渗漏，各阀门开关灵活；检查压力表校验合格在有效期内，安装压力表要按照安装压力表操作规程操作。

③ 打开进站阀门，打开水套炉进、出口阀门，侧身缓慢打开总阀门（新井开井先不开进站阀门，要先打开分离器旁通阀门及进干线前的放空阀门）；检查倒好计量间（或高架罐）流程。

（2）水套炉点火预热

① 水套炉各部件要齐全完好，水套炉安全阀校验合格在有效期内，压力表校验合格在

有效期内。

② 按照水套炉加水操作规程给水套炉加水，水位在 1/3～2/3 之间。

③ 按照加热炉点火操作规程给水套炉点火预热，升压至 0.2～0.3MPa。

(3) 安装清蜡设备

① 按要求摆放安装电动绞车。电动绞车电路开关要安全好用；清蜡绞车钢丝要排列整齐，钢丝符合标准，无死扭、无硬弯、无损伤、无锈蚀；变速箱机油在 1/2～2/3 之间；转数表要归零；刹车要灵活好用；倒顺开关要好用，离合器要灵活好用，导向滑轮、防跳装置等转动部分要灵活；电机要运转正常，电器设备接地要合格。

② 配合吊车按要求立好清蜡扒杆。检查拧紧扒杆绷绳花兰螺丝，绷绳与地锚连接要绷紧且牢固可靠（若是支架，要检查支架焊接是否牢固）；脚蹬架要焊接牢固；顶部滑轮要对中井口，转动灵活，螺钉紧固，防跳装置完好。

③ 井口防喷管要紧固、无渗漏；钢丝防喷盒要紧固无渗漏；防喷管与扒杆固定卡子要紧固。

④ 按照连接刮蜡片操作规程连接好清蜡工具。刮蜡片（或麻花钻）直径要符合要求，刮蜡片上小下大，拉杆垂直，刮蜡片转动灵活；铅锤符合要求；连接环灵活好用，连接牢固可靠；钢丝接头质量要合格。

(4) 安装油嘴

① 用管钳卸松油嘴套丝堵，然后用手边活动边卸掉丝堵，检查清理油嘴套三通的结蜡和杂物。

② 选择符合油井工作制度的油嘴，用游标卡尺检测，误差±0.1mm 为合格。

③ 将油嘴套在油嘴扳手上，对正上紧油嘴，不得有松动。

④ 将丝堵缠好生料带，用管钳对正上紧，防止渗漏。

(5) 开井生产

① 侧身缓慢开生产阀门，观察压力变化，听出油声音。

② 待压力基本稳定后，全部打开生产阀门，进站生产。

③ 新井开井要先往污油罐放喷，观察出液情况，待油井出油正常、压力基本稳定、油压高于干线回压时，改进站生产。

(6) 录取生产数据

① 准确录取油压、套压、回压值。

② 检查核实水套炉进出口温度，巡查管线流程。

③ 待生产稳定、正常出油 2h 后，改进分离器进行量油、测气。

④ 将开井时间、油嘴直径、产量、油压、套压、加热炉进出口温度、干线回压等数据填入报表。

⑤ 操作完成后清理现场，将工具擦拭干净保养存放。

2.5.5　归纳总结

① 提前 2h 预热水套炉，点火升压至 0.2～0.3MPa；水套炉点火操作要严格执行点火操作规程，预防发生爆炸、烧伤等人身伤害。

② 开井前后要仔细检查流程和井口设备，达到不渗不漏、管线畅通；倒流程要先开后关，防止憋压。

③ 正确使用管钳等工具，开阀门侧身缓慢平稳操作，防止发生人身伤害。

④ 开井后要控制好进站温度，油嘴套保温良好，防止管线结蜡。

⑤ 开井 2h 后，待生产稳定时方可进行量油、测气工作。

⑥ 扒杆绷绳（支架）与地面成 45°角，地锚与井口距离等于扒杆高度。

⑦ 端点井、低压井、高含水井冬季开井要注意预防管线冻堵。

⑧ 每 2h 巡回检查一次，不正常井加密巡查。

⑨ 应急处置：操作时发生人身意外伤害，立即停止操作，脱离危险源后立即进行救治，如果伤情较重，立即拨打 120 急救电话送医院救治并汇报。

2.5.6　拓展链接

自喷采油井原油从油层流到地面采油站可以分为四种基本流动过程（图 2-5-2），即地层渗流、井筒多相垂直管流、油气通过油嘴的嘴流、地面管线流动（多相水平管流），其中 p_r 为饱和压力，p_t 为井口油管压力，p_s 为套管压力。油气在井筒中的流动形态又大致可分为纯油流、泡流、段塞流、环流、雾流五种，油气混合物流动形态见图 2-5-3。

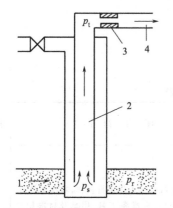

图 2-5-2　自喷井的四种流动过程

1—地层渗流；2—井筒多相流动；
3—嘴流；4—地面管线流动

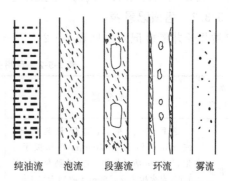

纯油流　泡流　段塞流　环流　雾流

图 2-5-3　油气混合物流动形态示意图

在靠近井底时，因井筒中压力高于饱和压力 p_r，气体溶解在油中，只有油相流动，称为纯油流。此种流态一般流速低，摩擦损失小。

油向上运动，压力不断下降，当低于饱和压力时，少量的气体从油中分离出来，以小气泡的状态存在于原油中，即为泡流。因气泡小，流速小，基本不起举升作用。

油、气继续向上运动，井筒中压力进一步低于饱和压力，气体体积不断膨胀，小气泡合并成几乎占据整个油管截面的大气泡，井筒中形成一段油、一段气的结构，称为段塞流。这时，气体的膨胀能量得到很好的利用，对原油有很大的举升力。

油、气继续上升，随着气体的不断分离和体积进一步膨胀，气体的柱塞不断加长，逐渐突破油柱，在油管中心形成连续的气流，而油沿管壁成环状流动，即为环流。此时滑脱损失最大，气体举油主要靠摩擦携带。

油、气继续向上运动，气体体积继续增大，油管中央的连续气流越来越粗，最后占据整个油管断面，油以很小的液滴分散在气流中，称为雾流。此时气体膨胀能量表现为以很高的流速将油带到地面。

2.5.7 思考练习

① 为什么有的自喷井油嘴安装在水套炉出口？

② 加热炉为什么要提前点火预热？

2.5.8 考核

2.5.8.1 考核规定

① 如违章操作，将停止考核。

② 考核采用百分制，考核权重：知识点（30%），技能点（70%）。

③ 考核方式：本项目为实际操作考题，考核过程按评分标准及操作过程进行评分。

④ 测量技能说明：本项目主要测试考生对自喷井开井操作掌握的熟练程度。

2.5.8.2 考核时间

① 准备工作：2min（不计入考核时间）。

② 正式操作时间：30min。

③ 在规定时间内完成，到时停止操作。

2.5.8.3 考核记录表

自喷井开井考核记录表见表 2-5-2。

表 2-5-2　自喷井开井考核记录表

序号	考核内容	评分要素	配分	评 分 标 准	备注
1	准备工作	选择工具、用具；劳保着装整齐，600mm 管钳 1 把，200mm 活动扳手 1 把，300mm 活动扳手 1 把，油嘴专用扳手 1 把，点火枪 1 支，150mm 游标卡尺 1 把，合格油嘴 1 个，合格压力表 4 块，铁丝 1 段，污油桶 1 个，生料带 1 卷，记录笔 1 支，记录纸 1 张，黄油、棉纱适量	5	未正确穿戴劳保不得进行操作，本次考核直接按零分处理；未准备工具、用具及材料扣 5 分；少选一件扣 1 分	
2	检查倒通流程	对地面流程管线试压、吹扫，检查井口部件完好、各阀门灵活好用，检查安装压力表，记录压力值，开进站阀门，开水套炉进出口阀门，开总阀门，开分离器旁通阀门，开进站前的放空阀门，倒好计量间流程	25	不会倒流程此项不得分；未对管线试压、吹扫扣 5 分；未检查井口扣 3 分；未检查压力表扣 2 分；未记录压力值扣 5 分；未开进站阀门、未开水套炉井出口阀门、未开总阀门、未开分离器旁通阀门、未开放空阀门各扣 5 分；未倒好计量间流程扣 5 分；管钳、扳手等工具使用不当扣 2 分；开阀门未侧身扣 5 分；操作不平稳扣 1 分	
3	预热水套炉	检查水套炉各部件齐全完好，检查安全阀、压力表校验合格在有效期内，水套炉加水、检查水位，水套炉点火、调火升压至 0.2～0.3MPa	15	不会点火操作此项不得分；不会使用点火枪扣 5 分；未检查水套炉各部件扣 3 分；未检查安全阀扣 2 分；未检查压力表扣 2 分；未检查水位扣 2 分；不会调火扣 2 分；操作不缓慢平稳扣 1 分；不知道预热时间扣 1 分；违反操作规程扣 5 分	

续表

序号	考核内容	评 分 要 素	配分	评 分 标 准	备注
4	安装清蜡设备	安装、检查电动绞车各部件齐全完好,吊立、检查清蜡扒杆各部件齐全完好,安装、检查防喷管,连接、检查清蜡工具	15	电动绞车电路开关、钢丝、机油、转数表、刹车、倒顺开关、离合器、导向滑轮、防跳装置,电机、电器设备接地少检查一项扣1分;清蜡扒杆绷绳、地锚距离、花兰螺丝、滑杆螺丝、滑轮、防跳装置少检查一项扣2分;防喷管、钢丝防喷盒、防喷管与扒杆固定卡子未紧固各扣2分;不会连接清蜡工具扣5分;钢丝接头质量不合格扣5分;刮蜡片(麻花钻)、铅锤、连接环少检查一项扣2分;登高作业未系安全带扣5分;操作不平稳扣2分;工具使用不当扣1分	
5	安装油嘴	卸丝堵,检查清理油嘴套,选择、检测油嘴,安装油嘴,上紧丝堵	10	卸丝堵不缓慢平稳扣3分;未检查清理油嘴套扣2分;未检测油嘴扣5分;检测方法不对扣3分;油嘴未对正未上紧扣5分;丝堵未缠生料带扣1分;丝堵未上紧扣3分;工具使用不当扣2分	
6	开井生产	开生产阀门观察压力和出油情况、正常后全部打开进站生产,新井开井先往污油罐放喷,检查流程和井口设备是否正常	15	开阀门不侧身扣2分;未平稳缓慢操作扣5分;未观察压力和出油情况扣3分;不待正常后就改进站扣10分;未检查流程设备扣2分;未先开后关阀门扣10分;工具使用不当扣2分	
7	录取生产数据	录取油压、套压、回压值,检查核实水套炉出口温度,生产稳定后量油、测气,各项生产数据填入报表	10	未录取压力值扣5分;录取压力值方法不正确扣3分;未检查水套炉温度扣3分;不会量油、测气扣5分;不会计算产量扣2分;未填写报表扣2分;开井时间、油套回压值、油嘴直径、产量少填写一项扣1分	
8	清理场地	清理现场,收拾工具	5	未收拾保养工具扣2分;未清理现场扣3分;少收一件工具扣1分	
9	考核时限	30min,到时停止操作考核			

合计 100 分

任务 6　自喷井关井

自喷井在生产过程中,由于地面设备发生故障、井下发生故障采取作业措施,或者按地质要求进行油井测试等,都需要进行关井操作。自喷井关井也就是关闭井口的生产阀门,停止油井生产。关井操作是自喷井管理的基本操作项目之一,熟练安全地进行自喷井关井操作是采油工必须掌握的操作技能。

2.6.1　学习目标

通过学习,使学员掌握自喷井关井的操作程序及注意事项,正确使用关井所用的管钳、活动扳手等工用具；能够熟练倒好关井流程；能够进行深通清蜡；能够熟练按要求停运水套炉；能够利用套管气吹扫管线；能够正确录取关井资料。能够辨识危害因素和违章行为，消除事故隐患；能够提高个人规避风险的能力，避免安全事故发生；能够在发生人身伤害时进行应急处置。

2.6.2 学习任务

本次学习任务包括关井前准备，关井停止生产，检查录取资料。

2.6.3 背景知识

2.6.3.1 关井扫线操作方法

(1) 用本井套管气扫线

① 按照更换压力表操作规程更换量程合适的干线回压表。

② 检查关闭计量间气平衡阀门，确认该井倒混输流程。

③ 侧身关闭油井生产阀门。

④ 侧身缓慢平稳的稍开套管阀门，听到过气声后逐步开大阀门，注意观察管线回压，不能超过系统压力。

⑤ 听计量间该井管线声音，当过油声断续，过气声连续后，反复憋压2～3次，直到管线吹扫干净为止。

⑥ 确认扫干净后，关闭井口套管阀门，关闭计量间混输阀门。

(2) 用其他井（A井）套管气扫本井（B井）管线

① 将A井暂时停止生产，按照更换压力表操作规程更换量程合适的干线回压表。

② 将有套管气的A井与被扫线的B井生产阀门全部关闭。

③ 关闭计量间分离器进口阀门，关闭两井混输阀门。

④ 将被扫线的B井从油嘴套处接排污管线进污油罐车。

⑤ 打开两口井计量阀门。

⑥ 侧身缓慢平稳的稍开A井套管阀门，听到过气声后逐步开大阀门，注意观察管线回压，不能超过系统压力。

⑦ 观察污油罐排出液情况和液面，直到没有液体扫出，确认吹扫干净为止。

⑧ 恢复A井正常生产流程。

2.6.3.2 水套炉放水程序

① 提前关闭炉火停运水套炉。

② 停运一段时间后检查测量水套炉温度，确认温度下降到20～30℃（防止放水时发生烫伤伤害）。

③ 侧身缓慢打开水套炉下部排污阀门或卸开法兰，将水套内的水全部排放干净。

④ 关闭水套炉排污阀门。

2.6.3.3 油井深通清蜡作用

油井正常生产情况下，都会有一定深度的一个或几个结蜡点，清蜡工作的制定，一般都是清蜡工具下过油井最下部的结蜡点几十米即可，而深通清蜡则需要下过最下部的结蜡点数百米。其目的就是为了防止油井随着生产时间的延长，地层能量的递减，结蜡点深度发生变化（加深），而造成井筒下部出现结蜡现象。特别是油井关井后，井筒中液体停止流动，随着温度的逐渐下降，蜡更容易析出黏附在井筒壁上，加速油井结蜡，而且结蜡点会加深。所以油井关井前必须进行一次深通清蜡，将井筒壁上的挂蜡彻底清除干净，随油流带出井口，防止关井后油井结蜡严重，再开井时影响油井的正常生产。

2.6.4　任务实施

2.6.4.1　准备工作

① 正确穿戴劳保用品。

② 准备工具、用具见表 2-6-1。

③ 正常生产的自喷井一口，清蜡设备齐全，加热炉运行良好。

表 2-6-1　自喷井关井工具、用具表

序号	工具、用具名称	规格	数量	序号	工具、用具名称	规格	数量
1	管钳	600mm	1 把	7	生料带		1 卷
2	活动扳手	200mm	1 把	8	安全带		1 副
3	活动扳手	300mm	1 把	9	记录笔		1 支
4	游标卡尺	150mm	1 把	10	记录纸		1 张
5	油嘴专用扳手		1 把	11	黄油		适量
6	污油桶		1 个	12	棉纱		适量

2.6.4.2　操作过程

（1）关井前准备

① 清蜡井要按照清蜡操作规程深通清蜡一次（将刮蜡片提进防喷管，关闭清蜡阀门）。

② 提前半小时关小（或关闭）井口加热炉炉火。

（2）关井停止生产

① 侧身关闭总阀门，侧身关闭生产阀门，并用 F 形扳手带紧。

② 关闭进站阀门，用污油桶接好，缓慢打开放空阀门，放净管线内液体。

③ 用套管气吹扫进站管线。

（3）检查录取资料

① 检查各阀门是否关严，有无漏油气现象。

② 录取油、套压资料，记录关井时间，并将资料填入报表。

③ 操作完成后清理现场，将工具擦拭干净保养存放。

2.6.5　归纳总结

① 深通清蜡时严格执行操作规程，预防顶、卡钻而发生掉落事故。

② 关井后按时巡回检查，发现问题及时处理。

③ 高空作业时系好安全带，工具系好安全绳，防止发生高空坠落。

④ 开、关阀门侧身平稳操作，预防丝杠打出伤人。

⑤ 用套管气扫线时缓慢平稳操作，预防高压发生伤害。

⑥ 冬季短时间关井水套炉小火烘炉；长时间关井时要对油水管线进行扫线，对水套炉放水停运。

⑦ 应急处置：操作时发生人身意外伤害，立即停止操作，脱离危险源后立即进行救治，

如果伤情较重，立即拨打120急救电话送医院救治并汇报。

2.6.6 拓展链接

自喷井清蜡是管理自喷井的一项重要工作，清蜡效果的好坏直接关系到自喷井能否正常生产，这就要求管理者合理选用清蜡工具，预防卡钻事故，发生卡钻时能够正确处理。

(1) 清蜡钻头

清蜡钻头用于结蜡较为严重的自喷井，有单麻花钻头、双麻花钻头、矛刺钻头三种。清蜡钻头种类见图 2-6-1。

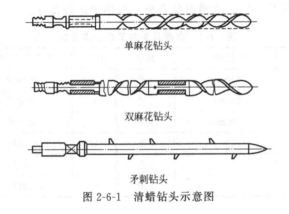

单麻花钻头

双麻花钻头

矛刺钻头

图 2-6-1 清蜡钻头示意图

(2) 卡钻事故的预防与处理

卡钻分硬卡和软卡。软卡是蜡卡，油井结蜡严重，硬蜡卡住刮蜡片；硬卡是刮蜡片强度不够、变形，或油管壁有毛刺、刮蜡片直径过大，刮蜡片卡入油管等。

① 预防卡钻方法：

ⅰ.制定合理的清蜡制度，严禁猛顿硬下。

ⅱ.刮蜡片质量要合格。

ⅲ.自喷井清蜡前，先用铅锤试通，再用刮蜡片（直径由小逐次增大）清蜡。

② 卡钻处理方法

遇蜡卡时，先判断刮蜡片位置。如在井口部位，可绷紧钢丝，松盘根，打开防喷管放空，开防喷管保温化蜡，压钢丝上起清蜡工具。这样化蜡，放压，上起，多次反复，可将清蜡工具起出。如果判断刮蜡片是卡在油管中，可反复活动，边活动边压钢丝上起清工具，不要硬拔。

2.6.7 思考练习

① 自喷井关井为什么要深通清蜡？

② 自喷井关井扫线有哪些方法？

2.6.8 考核

2.6.8.1 考核规定

① 如违章操作，将停止考核。

② 考核采用百分制，考核权重：知识点（30%），技能点（70%）。

③ 考核方式：本项目为实际操作考题，考核过程按评分标准及操作过程进行评分。

④ 测量技能说明：本项目主要测试考生对自喷井关井操作掌握的熟练程度。

2.6.8.2　考核时间

① 准备工作：1min（不计入考核时间）。

② 正式操作时间：25min。

③ 在规定时间内完成，到时停止操作。

2.6.8.3　考核记录表

自喷井关井考核记录表见表 2-6-2。

表 2-6-2　自喷井关井考核记录表

序号	考核内容	评分要素	配分	评分标准	备注
1	准备工作	选择工具、用具：劳保着装整齐，600mm 管钳 1 把，200 活动扳手 1 把，300mm 活动扳手 1 把，150mm 游标卡尺 1 把，油嘴专用扳手 1 把，污油桶 1 个，安全带 1 副，记录笔 1 支，记录纸 1 张，生料带 1 卷，黄油、棉纱适量	5	未正确穿戴劳保不得进行操作，本次考核直接按零分处理；未准备工具、用具及材料扣 5 分；少选一件扣 1 分	
2	关井准备	清蜡井深通清蜡，关小（或关闭）加热炉火	30	清蜡井未深通清蜡扣 20 分；未提前关小（关闭）加热炉火扣 10 分；开关阀门未侧身扣 5 分；操作不平稳扣 3 分；登高作业未系安全带扣 5 分	
3	关井停止生产	关闭总阀门，关闭生产阀门，关闭进站阀门，开放空阀门放净管线内液体，冬季扫线、水套炉放水	35	关阀门未侧身扣 10 分；未放管线液体扣 5 分；未用污油桶扣 3 分；冬季长期关井未扫线扣 25 分；冬季长期关井水套炉未放水扣 10 分；操作不平稳扣 5 分	
4	检查录取资料	检查核对各阀门情况，录取油、套压，记录关井时间，填写报表	25	未检查阀门情况扣 10 分；未录取油、套压扣 5 分；未记录关井时间扣 5 分；未填写报表扣 2 分	
5	清理场地	清理现场，收拾工具	5	未收拾保养工具扣 2 分；未清理现场扣 3 分；少收一件工具扣 1 分	
6	考核时限	25min，到时停止操作考核			

合计 100 分

项目3
注水井管理

油田投入开发后，随着开采时间的延长，油气的不断采出，地层本身的能量在不断的消耗，油层压力不断的下降，使地下原油脱气，黏度增加，油井产量大幅下降，甚至会导致停喷停产，造成地下残留大量的原油采不出来。为了弥补原油采出后所造成的地下亏空，保持或提高油层压力，减缓产量递减，必须对油田进行注水，以补充和恢复地层能量，提高采油速度和原油采收率；同时，向油层注水对原油也起到了驱替作用，将原油从油层推向油井井底，并利用辅助手段，提高注入水的体积，以提高油田的最终采收率，从而实现油田长期高产稳产，获得较好的经济效益。注水开发是油田开发中一种十分重要的开采方式，注好水、注够水是油田稳产的关键。

注水井是水进入地层经过的最后装置，在井口有一套控制设备，其作用是悬挂井口管柱，密封油套环形空间，控制注水和洗井方式，如正注、反注、合注、正洗、反洗。按功能分为分层注入井和笼统注入井；按管柱结构可分为支撑式和悬挂式；按套管及井况可分为大套管井、正常井和小直径井。

本项目根据油田注水井生产管理要求，设置了6项常用操作任务。

任务 1 注水井巡回检查

注水井巡回检查主要是检查注水井的工作状况和配注任务的完成情况，如果水井不能正常生产，达不到配注要求就容易造成地下亏空，导致油井产量下降；如果超出配注要求就容易造成油井水淹，影响油田开发效果。巡回检查是注水井日常管理的一项重要工作，是采油工必须掌握的操作技能。

3.1.1 学习目标

通过学习，使学员能够熟练掌握注水井巡回检查的点、内容和要求，按照要求进行细致检查；能够掌握各种注水方式的井口流程，能够判断注水井生产状况；能够熟练检查操作配水间高压设备，能够正确调整注水量及录取资料；能够辨识危害因素和违章行为，消除事故隐患；能够提高个人规避风险的能力，避免安全事故发生；能够在发生人身伤害时进行应急处置。

3.1.2 学习任务

本次学习任务包括检查配水间，检查注水井口流程，录取生产资料。

3.1.3 背景知识

3.1.3.1 配水间和注水井

控制和调节各注水井注水量的操作间叫作配水间（或注水间）。

配水间分为单井配水间和多井配水间。单井配水间只用来控制和调节一口注水井的注水量；多井配水间可控制和调节两口及以上注水井的注水量。注水井注水生产流程图见图 3-1-1。

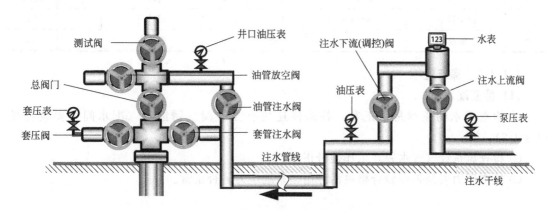

图 3-1-1 注水井注水生产流程图

3.1.3.2 注水井资料的录取及压力变化原因

(1) 注水井日常录取的资料

注水井日常录取的资料有注水方式、生产时间、日配注水量、日注水量、油压、套压、泵压、分层注水量、水质、洗井资料等。

(2) 注水井油、套压变化原因分析

① 压力表不准。

② 配水间阀门有开大或关闭现象（包括闸板掉落和油压阀门开关）。

③ 注水站来水压力（泵压）不稳。

④ 对于分层注水井，当油压升高时，反映水嘴堵，节流器弹簧打不开；油压下降时，一般是水嘴刺大，水嘴掉，节流器失灵，油管漏，挡球失效，封隔器失效；套压的变化主要反映第一级封隔器以上的管柱情况，包括油管头不密封，封隔器不密封。

⑤ 注水井吸水能力有变化。

⑥ 周围注水井注水压力变化也会引起油、套压变化。

(3) 分层注水井油、套压平衡原因

① 油管头内油管挂密封圈损坏造成串水。

② 套管阀门未关严或损坏。

③ 保护封隔器以上油管渗漏。

④ 保护封隔器损坏失效。

3.1.4 任务实施

3.1.4.1 准备工作

① 正确穿戴劳保用品。

② 准备工具、用具见表 3-1-1。

③ 正常生产注水井一口，配件齐全。

表 3-1-1 注水井巡回检查工具、用具表

序号	工具、用具名称	规格	数量	序号	工具、用具名称	规格	数量
1	管钳	600mm	1 把	5	黄油		适量
2	活动扳手	200mm	1 把	6	棉纱		适量
3	活动扳手	300mm	1 把	7	记录笔		1 支
4	F 形扳手		1 把	8	巡检本		1 本

3.1.4.2 操作过程

(1) 检查配水间

① 检查配水间流程是否正常，各部件连接有无渗漏、锈蚀等（配水间主要设备见图 3-1-2）。

② 检查流量计（或水表）工作是否正常。

③ 检查压力表是否校验合格灵活好用，系统压力是否正常。

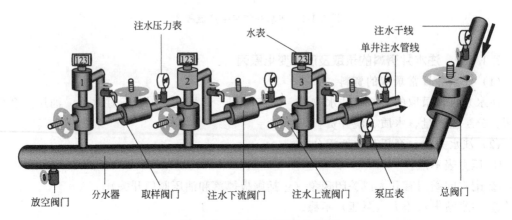

图 3-1-2 配水间主要设备示意

(2) 检查注水井口流程

① 检查注水井口流程管线有无穿孔漏水现象。

② 检查井口采油树各连接部位有无松动、渗漏及各阀门开关情况是否正常。

③ 检查井口压力表是否校验合格灵活好用，压力是否正常。

(3) 录取生产资料

① 录取油管压力值、套管压力值。

② 将井口油压值与配水间压力值进行对比核实。

③ 记录泵压、油压、套压、水表底数、注水量并填入报表。

④ 操作完成后清理现场，用棉纱擦拭井口，工具擦拭干净保养存放。

3.1.5　归纳总结

① 注水井井口、配水间设备齐全无缺损、无渗漏、清洁无腐蚀。

② 压力表校验合格，在有效使用期内，录取压力值时眼睛、指针、刻度三点成一线。

③ 按时录取各项资料，数据齐全准确。

④ 巡检时禁止跨越管线，避开卡箍接口处，防止高压水刺漏伤人。

⑤ 冬季要检查注水井易冻部位有无冻堵。

⑥ 应急处置：操作时发生人身意外伤害，应立即停止操作，脱离危险源后立即进行救治，如果伤情较重，立即拨打120急救电话送医院救治并汇报。

3.1.6　拓展链接

注水井生产过程中，由于现场条件及生产环境的影响，常会发生故障。比较典型的水井故障主要有管线穿孔、注水井冻堵和采油树渗漏，应分析具体原因进行处理。

(1) 管线穿孔原因与处理

① 故障原因：

ⅰ.长期使用后管线腐蚀穿孔，特别是处于低洼地带的管线。

ⅱ.注水管线砂眼，如焊口砂眼、焊口腐蚀等。

ⅲ.外来因素，如施工失误、重型车辆碾压等。

② 处理方法：发生管线穿孔后，要立即抢关来水总阀门，同时，为防止井内的水倒流，要关闭井口相应注水阀门。然后组织人员挖出穿孔段，对其进行补漏、换管等处理。

(2) 注水井冻堵原因与预防

① 故障原因：

ⅰ.注水井吸水量过小或注不进水，管线内水流动缓慢，发生冻结。

ⅱ.临时停注，管线内水停止流动，发生冻结。

ⅲ.倒错流程，误关阀门，造成管线长时间无水流动而发生冻结。

ⅳ.管线及井口保温差，寒冬季节发生冻结。

② 预防方法：

ⅰ.做好冬季保温工作，入冬前对井口设备、管线进行保温处理。

ⅱ.对吸水量过小或注不进水的井，要在冬季前关井扫线。

ⅲ.冬季因注水站停泵而停水时，要放溢流，长时间停注要关井扫线。

(3) 采油树渗漏原因与处理

采油树渗漏一般发生在法兰、卡箍、螺纹等连接部位。

① 故障原因：

ⅰ.法兰偏斜，法兰螺栓紧固不良、缺失。

ⅱ.卡箍或法兰钢圈损坏；卡箍螺栓松动未上紧；卡箍型号与采油树不匹配。

ⅲ.螺纹损坏造成渗漏；螺纹连接时未加密封填料；螺纹型号不对或螺纹内有泥、砂等杂质造成连接不良。

② 处理方法：处理采油树渗漏故障，要根据渗漏的具体原因来处理，采取或调整螺栓松紧、或更换钢圈、或更换配件等不同措施。前提条件是处理前必须放空泄压，禁止带压

操作。

3.1.7 思考练习

① 巡回检查中发现注水井管线穿孔应如何处理?

② 注水井巡回检查的重点内容是什么?

3.1.8 考核

3.1.8.1 考核规定

① 如违章操作,将停止考核。

② 考核采用百分制,考核权重:知识点(30%),技能点(70%)。

③ 考核方式:本项目为实际操作考题,考核过程按评分标准及操作过程进行评分。

④ 测量技能说明:本项目主要测试考生对注水井巡回检查内容掌握的熟练程度。

3.1.8.2 考核时间

① 准备工作:1min(不计入考核时间)。

② 正式操作时间:10min。

③ 在规定时间内完成,到时停止操作。

3.1.8.3 考核记录表

注水井巡回检查考核记录表见表 3-1-2。

表 3-1-2　注水井巡回检查考核记录表

序号	考核内容	评分要素	配分	评分标准	备注
1	准备工作	选择工具、用具;劳保着装整齐,600mm 管钳 1 把,200mm 活动扳手 1 把,300mm 活动扳手 1 把,记录笔 1 支,巡检本 1 本,黄油、棉纱适量	5	未正确穿戴劳保不得进行操作,本次考核直接按零分处理;未准备工具、用具及材料扣 5 分;少选一件扣 1 分	
2	检查配水间	检查配水间流程是否正常,检查流量计(或水表)检定是否合格,记录底数,检查压力表校验是否合格,记录压力值	35	未检查流程扣 5 分;未检查流量计(或水表)扣 5 分;未记录底数扣 5 分;未检查压力表扣 5 分;未记录压力扣 5 分;录取压力未三点一线扣 3 分;跨越高压管线扣 5 分	
3	检查井口流程	检查井口流程管线是否正常,检查井口采油树各部件是否齐全完好,检查各阀门开关情况,检查压力表校验是否合格,观察压力	35	未检查流程管线扣 5 分;未检查采油树扣 5 分;未检查阀门开关情况扣 10 分;未检查压力表扣 5 分;未观察压力扣 10 分;观察压力未三点一线扣 3 分	
4	录取生产资料	录取记录油、套压值,对比核实井口油压与配水间压力值,填写报表	20	未检查记录油压值扣 10 分;未检查记录套压值扣 10 分;录取压力未三点一线扣 3 分;未对比核实压力扣 5 分;未填写报表扣 3 分	
5	清理场地	清理现场,收拾工具	5	未收拾保养工具扣 2 分;未清理现场扣 3 分;少收一件工具扣 1 分	
6	考核时限	10min,到时停止操作考核			
		合计 100 分			

任务 2　调整注水井注水量

检查调整注水井注水量，使注水量满足配注方案要求，达到注好水、注够水的目的。正确调整注水井注水量是定压、定量注水的前提，是管理注水井比的经常性工作之一，也是采油工必须掌握的基本操作技能。

3.2.1　学习目标

通过学习，使学员熟练掌握调整注水井注水量的操作程序及调整目的，正确使用调整注水量所用的 F 扳手、计算器、秒表等工具、用具；能够熟练检查配水间流程和流量计等设备；能够熟练计算核实注水量；能够熟练调整注水量。能够辨识操作过程中的危害因素和违章行为，消除事故隐患；能够提高个人规避风险的能力，避免安全事故发生；能够在发生人身伤害时进行应急处置。

3.2.2　学习任务

本次学习任务包括检查配水间，计算核实水量，调整注水量。

3.2.3　背景知识

3.2.3.1　注水井调控注水量流程
注水井调控注水量流程如图 3-2-1 所示。

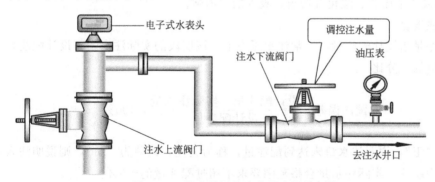

图 3-2-1　注水井调控注水量流程示意图

3.2.3.2　电子式水表头
电子式水表头面板示意图见图 3-2-2，表头主行为累积注水量（m³），右上方为瞬时水

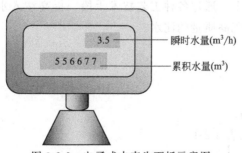

图 3-2-2　电子式水表头面板示意图

量（m³/h）。瞬时水量是日注水量除以 24 得出的数值。

3.2.3.3 注水量变化原因分析

(1) 注水量下降原因

① 注水泵压下降。

② 水表计量不准。

③ 注水管线或流程阀门、井口过滤器有堵塞。

④ 井下配水嘴堵塞或配水器滤网堵塞。

⑤ 油层污染堵塞。

⑥ 地层压力上升，吸水能力变差。

⑦ 井下落物，封堵了注水层位。

(2) 注水量上升原因

① 注水泵压升高。

② 水表计量不准。

③ 注水管线漏失、穿孔。

④ 井下水嘴刺大或者脱落。

⑤ 井下封隔器、节流器、底部挡球失效。

⑥ 油管漏失或者脱节。

⑦ 套管外串槽或层间串通。

⑧ 地层压力下降。

⑨ 油层采取了压裂、酸化等措施，吸水能力增强。

(3) 配注误差

配注误差是指设计配注量与正常注水压力下，该层段的实际注水量和设计配注量的差值与设计配注量的百分比。

$$配注误差 = \frac{设计配注量 - 实际注水量}{设计配注量} \times 100\%$$

误差为"正"，说明注水量未达到配注量，称为欠注；误差为"负"，则说明注入量超过配注量，称为超注。实际注水量合格范围要求不超过配注量的±5%。

3.2.3.4 "注够水、注好水"

"注够水"就是按地质开发方案要求，在注水压力等正常条件下，注水量必须达到配注方案要求，以保证油层有足够的驱油能量，充分动用油层，增加水驱动用储量。"注好水"则是在"注够水"的基础上，通过各种工艺技术手段，提高注入水水质，提高注水合格率，提高注水驱油效率，即实现高质量的注水。

3.2.4 任务实施

3.2.4.1 准备工作

① 正确穿戴劳保用品。

② 准备工具、用具见表 3-2-1。

③ 正常生产注水井一口，注水间设备齐全。

表 3-2-1　调整注水井注水量工具、用具表

序号	工具、用具名称	规格	数量	序号	工具、用具名称	规格	数量
1	F 形扳手		1 把	4	棉纱		适量
2	计算器		1 个	5	记录笔		1 支
3	秒表		1 块	6	记录纸		1 张

3.2.4.2　操作过程

(1) 检查配水间

① 检查配水间流程是否正常，注水阀门开关是否灵活好用。

② 检查流量计（或水表）是否检定合格，工作是否正常。

③ 检查压力表是否校验合格，系统压力是否正常。

(2) 计算核实水量

① 根据配注量计算出注水量合格范围，即将配注量除以 24 计算出瞬时水量，再乘以 ±5% 计算出合格范围的高、低限。

② 观察水表瞬时注水量，并与计算出的瞬时水量进行对比，核实是否在合格范围内。

(3) 调整注水量

① 自控式流量计：直接设置流量即可。

② 干式水表：当实际注水量大于配注量高限时，用 F 形扳手适当缓慢关小注水下流阀门，当实际注水量小于配注量低限时，适当缓慢开大下流阀门，稳定 5min 后观察注水量是否达到配注要求，直到合格为止。

③ 操作完成后清理现场，将工具擦拭干净，保养存放。

3.2.5　归纳总结

① 调大注水量时应先将水量调过配注量，再慢慢的回关阀门，使注水量达到配注要求。

② 开关阀门时侧身平稳操作，F 形扳手开口朝外（上），预防丝杠打出发生人身伤害。

③ 高压管线禁止跨越，预防发生意外伤害。

④ 应急处置：操作时发生人身意外伤害，应立即停止操作，脱离危险源后立即进行救治，如果伤情较重，立即拨打 120 急救电话送医院救治并汇报。

3.2.6　拓展链接

注水作为油藏稳压、增产的重要方法之一，在国内外得到广泛应用。注水井管理的基本任务是：保持油层长期稳定的吸水能力，完成分层配注任务，根据相连通的油井地下动态变化，及时调整注水量，确保油田长期高产稳产，提高油田最终采收率。在实际注水工作中，要"注够水、注好水"，高效平稳地开发油田的任务，就要严格执行"三定、三率、一平衡"的注水原则，这是油田开发者在注水井生产管理实践中总结出来的比较科学的方法，所以"三定、三率、一平衡"注水方法既是具体注水时执行的标准，又具有宏观指导注水思想。

① 三定，即定性、定量、定压。

ⅰ．定性：是指对注水井全井或各层段的定性，确定该井或层段是加强注水层（油层吸水状况差，动用程度小），还是控制注水层（油层水淹相对较严重，应防止单层突进等）。

ⅱ.定量：就是在定性的基础上，根据配注方案确定每个层段配注量及全井配注量。

ⅲ.定压：就是在各层段及全井配注量确定后进行分层测试，根据测试成果确定出要完成各层段及全井的配注量所对应的注水压力范围（上限、中限、下限压力点）。这里要注意的是定量决定定压，而定压是为了完成定量，即在日常注水时为什么要以注水指示牌上的定压注水的原因。

② 三率，即分层注水井的测试率、测试合格率、分层注水合格率。

ⅰ.分层注水井的测试率，即分层注水井有测试资料的井数占总分层注水井数的百分率。有测试资料是指分层井每半年必须测试一次，在注水井措施、方案调整等作业施工后还要及时测试。

ⅱ.测试合格率，即分层注水井测试合格的层段数占总层段数的百分率。在实际分层测试中有的层段完不成配注量（尽管水嘴调到最大、注水压力也够），这样测试不合格的层段叫作平欠层，所以测试合格率的高低直接决定了能否真正"注够水"，是高质量注水的基础保证。

ⅲ.分层注水合格率，即分层注水井注水合格的层段数占总层段数的百分率，它是反映实际"注好水"的唯一指标。

③ 一平衡：有两个含义，一是指区块宏观上的阶段地下注水量与采出地下水体积达到平衡；二是指注水井本身阶段注水量平衡，即某一阶段（时期）由于地面注水系统出现问题而使注水井完不成配注，累计欠注一定水量，在注水系统恢复正常后，要尽量及时执行上限（最高水量，但不能超出压力范围）注水，补充前一段所欠水量，以实现阶段注采平衡。

④ 三个及时：及时取全取准各项资料，及时进行资料分析，及时采取调整措施。

⑤ 四个提高：提高测试质量，提高注水合格率，提高封隔器使用寿命，提高施工作业水平。

3.2.7 思考练习

① 注水工作中，如何实现"注够水、注好水"？

② 什么叫注采平衡？

3.2.8 考核

3.2.8.1 考核规定

① 如违章操作，将停止考核。

② 考核采用百分制，考核权重：知识点（30%），技能点（70%）。

③ 考核方式：本项目为实际操作考题，考核过程按评分标准及操作过程进行评分。

④ 测量技能说明：本项目主要测试考生对调整注水井注水量掌握的熟练程度。

3.2.8.2 考核时间

① 准备工作：1min（不计入考核时间）。

② 正式操作时间：10min。

③ 在规定时间内完成，到时停止操作。

3.2.8.3 考核记录表

调整注水井注水量考核记录表见表 3-2-2。

表 3-2-2 调整注水井注水量考核记录表

序号	考核内容	评分要素	配分	评分标准	备注
1	准备工作	选择工具、用具;劳保着装整齐,F形扳手1把,计算器1个,秒表1块,记录笔1支,记录纸1张,棉纱适量	5	未正确穿戴劳保不得进行操作,本次考核直接按零分处理;未准备工具、用具及材料扣5分;少选一件扣1分	
2	检查配水间	检查配水间流程是否正常,注水阀门开关是否灵活好用,检查流量计(或水表)工作是否正常,检查系统压力是否正常	20	未检查流程扣5分;未检查注水阀门扣5分;未检查水表扣5分;未检查系统压力扣5分;跨越高压管线扣5分	
3	计算核实水量	根据配注量计算出注水量合格范围,观察对比瞬时水量,核实是否在合格范围内	35	不计算注水量合格范围此项不得分;未对比核实注水量不得分;计算错误扣20分	
4	调整注水量	自控式流量计直接设置流量;干式水表用F形扳手适当缓慢开大、关小注水下流阀门,稳定5min后观察注水量是否达到要求,直到合格为止	35	不会调整注水量此项不得分;自控式流量计不会设置流量不得分;干式水表未用下流阀门调整水量不得分;调整方法不对扣20分;注水量调整不合格扣15分;未缓慢平稳操作扣10分;F形扳手使用不当扣5分	
5	清理场地	清理现场,收拾工具	5	未收拾保养工具扣2分;未清理现场扣3分;少收一件工具扣1分	
6	考核时限	10min,到时停止操作考核			

合计 100 分

任务 3 倒注水井正注流程

注水井的注水方式有正注、反注、合注三种。正注就是从油管向油层内进行注水,是注水开发油田最常用的注水方式,倒注水井正注流程是管理注水井比较简单的、经常性的操作,也是采油工必须掌握的基本操作技能。

3.3.1 学习目标

通过学习,使学员熟练掌握倒注水井正注流程的操作程序,正确使用倒注水井正注流程所用的F形扳手、活动扳手等工用具;能够熟练检查流程;能够正确开关阀门,熟练倒好井口正注水方式;能够熟练倒配水间注水流程进行注水,能够准确调整注水量;能够准确录取生产数据。能够辨识操作过程中的危害因素和违章行为,消除事故隐患;能够提高个人规避风险的能力,避免安全事故发生;能够在发生人身伤害时进行应急处置。

3.3.2 学习任务

本次学习任务包括检查配水间和井口流程，倒正注流程，开井注水，录取生产数据。

3.3.3 背景知识

3.3.3.1 注水井正注水方式

正注就是从油管向油层注水，正注井的注入水沿油管进入地层，由于油管横截面积小，水流速度快，所以水质受到的影响小，同时又防止了对套管的冲刷；而当油管有损坏时，可起出地面更换。因此，目前注水开发的油田多采取正注方式。

（1）注水井正注流程框图

注水井正注操作顺序见图 3-3-1。

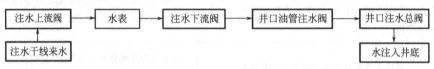

图 3-3-1 注水井正常注水（正注）流程框图

（2）注水井正注井口流程图

注水井正注流程井口阀门开关状态见图 3-3-2。

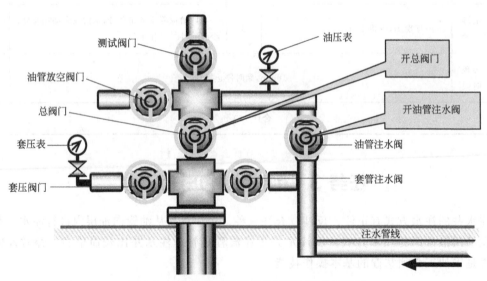

图 3-3-2 注水井正注流程井口阀门开关示意图

（3）正注井油、套压

① 油压：对于正注井，油压（油管压力）表示注水井的井口压力，即注入水自泵站加压，经地面管线、配水间再到注水井井口的剩余压力，即

$$油管压力＝泵压－地面管损$$

② 套压：对于正注井，套压（套管压力）表示注水井油套环形空间的井口压力。下封隔器的井，套管压力只表示第一级封隔器以上油套管环形空间的井口压力，即

$$套管压力＝油管压力－井下管损$$

3.3.3.2 注水压力、水量变化原因分析

(1) 注水压力上升，注水量下降

① 水表卡或被堵塞。

② 流程阀门闸板脱落或有堵塞，井口过滤器堵塞。

③ 油层被脏物堵塞。

④ 地层压力上升。

⑤ 配水嘴堵塞或配水器滤网堵塞、射孔孔眼堵塞。

(2) 注水压力下降，注水量上升

① 封隔器、节流器、底部挡球失效。

② 油管漏失或脱落。

③ 地层采取了压裂、酸化等增注措施。

④ 地层压力下降。

⑤ 水嘴脱落、刺大或主力注水层的配水器密封圈不密封。

(3) 注水井改注后油、套压平衡，注水量增加

① 原因：

ⅰ.油管头密封圈损坏造成不密封。

ⅱ.油管脱落或油管漏失严重。

ⅲ.封隔器失效。

ⅳ.节流器损坏造成封隔器不密封。

ⅴ.底部单流阀不严、漏失。

② 处理方法：

ⅰ.抬开井口，检查油管头密封圈情况，如有损坏进行更换。

ⅱ.如不是油管头原因，应作业起出全井管柱进行检查、处理。

3.3.4 任务实施

3.3.4.1 准备工作

① 正确穿戴劳保用品。

② 准备工具、用具见表3-3-1。

③ 正常生产注水井一口，注水间、井口配件齐全。

表 3-3-1 倒注水井正注流程工具、用具表

序号	工具、用具名称	规格	数量	序号	工具、用具名称	规格	数量
1	管钳	600mm	1把	5	黄油		适量
2	活动扳手	200mm	1把	6	棉纱		适量
3	活动扳手	375mm	1个	7	记录笔		1支
4	F形扳手		1把	8	记录纸		1张

3.3.4.2 操作过程

(1) 检查流程

① 检查配水间压力表校验是否合格并在有效期内，注水系统压力是否正常，是否符合

注水要求。

② 检查配水间流程是否正常，阀门、管线等各部件连接有无渗漏。

③ 检查流量计（或水表）检定是否合格并在有效期内。

④ 检查井口流程各阀门是否开关灵活，采油树各部件连接是否牢固可靠。

⑤ 检查油、套管压力表校验是否合格并在有效使用期内。

（2）倒正注流程

① 检查关闭洗井（放空）阀门、套管阀门、测试阀门，并用 F 形扳手带紧。

② 用 F 形扳手侧身缓慢打开注水总阀门。

③ 用 F 形扳手侧身缓慢打开油管注水阀门。

（3）注水

① 用 F 形扳手侧身缓慢打开注水上、下流阀门，根据配注方案计算并控制调整好水量。

② 检查注水管线及井口有无渗漏，确认流程正确。

（4）录取生产数据

① 录取泵压、油压、套压值。

② 记录开井时间、压力、水表底数、注水量并填入报表。

③ 操作完成后清理现场，将工具擦拭干净保养存放。

3.3.5 归纳总结

① 按照配水方案定压、定量注水，实际注水量与配注量应相符。

② 井口若装有洗井所用的放空管线时要先卸掉。

③ 用流量计计量水量的下流阀门应全部打开，用上流阀门控制水量；用水表计量水量的，上流阀门全部打开，用下流阀门控制水量。

④ 操作时禁止跨越高压管线，避开卡箍接口处，防止高压水刺漏伤人。

⑤ 开关阀门要平稳，侧身缓慢操作，预防丝杠打出伤人。

⑥ 正确使用工具，F 形扳手开口向外。

⑦ 确认流程正确，压力正常后方可离开。

⑧ 应急处置：操作时发生人身意外伤害，应立即停止操作，脱离危险源后立即进行救治，如果伤情较重，立即拨打 120 急救电话送医院救治并汇报。

3.3.6 拓展链接

注水开发的油田除采用较常见的正注流程外，还采用反注流程、合注流程进行注水。

（1）反注流程

反注也叫套管注水，就是从套管向油层注水，注入水沿油套管的环形空间流向井底后进入油层，注水井反注流程阀门开关状态见图 3-3-3。由于油套环形空间面积大，水流速度慢，所以水对套管的冲刷面积大，对水质影响较大。反注时套压相当于正注时的油压，油压相当于正注时的套压。

（2）合注流程

在同一口注水井中，从油管与套管同时向不同层段注水的方法称合注，注水井合注

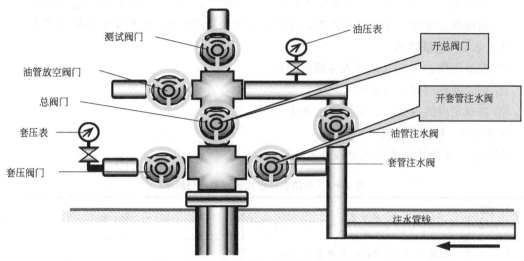

图 3-3-3 注水井反注流程阀门开关示意图

流程阀门开关状态见图 3-3-4。合注井的油管中下入带有封隔器、配水器等井下工具的管柱，油管中注水与分层正注井相同；套管向封隔器以上的油层注水。合注井为了简化井下分层管柱，使注入各分层的水量可靠，测调方便。合注井的油管压力与套管压力的意义是相同的。

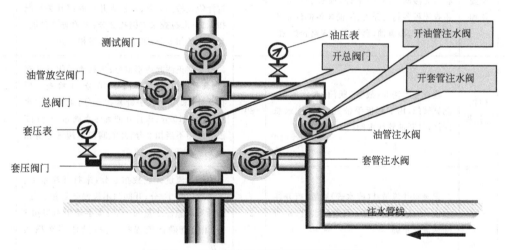

图 3-3-4 注水井合注流程阀门开关示意图

3.3.7 思考练习

① 什么是正注流程？
② 油层采取酸化措施后，注水压力会如何变化？

3.3.8 考核

3.3.8.1 考核规定

① 如违章操作，将停止考核。
② 考核采用百分制，考核权重：知识点（30%），技能点（70%）。

③ 考核方式：本项目为实际操作考题，考核过程按评分标准及操作过程进行评分。

④ 测量技能说明：本项目主要测试考生对倒注水井正注流程操作掌握的熟练程度。

3.3.8.2 考核时间

① 准备工作：1min（不计入考核时间）。

② 正式操作时间：10min。

③ 在规定时间内完成，到时停止操作。

3.3.8.3 考核记录表

倒注水井正注流程考核记录表见表 3-3-2。

表 3-3-2　倒注水井正注流程考核记录表

序号	考核内容	评 分 要 素	配分	评 分 标 准	备注
1	准备工作	选择工具、用具：劳保着装整齐，600mm管钳1把，F形扳手1把，200mm活动扳手1把，375mm活动扳手1把，计算器1个，黄油、棉纱适量，记录笔1支，记录纸1张	5	未正确穿戴劳保不得进行操作，本次考核直接按零分处理；未准备工具、用具及材料扣5分；少选一件扣1分	
2	检查流程	配水间检查压力表、注水压力，检查流程有无渗漏，检查流量计（或水表），井口检查流程各阀门开关，采油树各部件是否齐全完好，检查油、套管压力表是否好用	25	未检查配水间压力表扣3分；未检查注水压力扣5分；未检查流程情况扣3分；未检查流量计（水表）扣5分；未检查井口阀门开关情况扣5分；未检查采油树扣3分；未检查井口油、套压表各扣3分；跨越流程管线扣5分	
3	倒正注流程	检查关闭洗井（放空）阀门、套管阀门、测试阀门，用F形扳手带紧，打开注水总阀门，打开油管注水阀门	30	不会倒正注此项不得分；未检查关闭洗井阀门、套管阀门、测试阀门扣10分，少检查一项扣5分；未用F扳手带紧扣5分；未打开注水总阀门扣10分；未打开油管注水阀门扣10分；F扳手使用不当扣3分；开关阀门不缓慢侧身扣5分；操作不平稳扣2分	
4	注水	记录本井流量计（或水表）底数，打开注水上、下流阀门，计算、调整好水量，检查确认流程正确	25	未记录流量计底数扣5分；未打开注水上、下流阀门扣10分；开阀门不缓慢侧身扣5分；未计算调整注水量扣5分；扳手使用不当扣3分；未检查确认流程扣5分；操作不平稳扣2分	
5	录取生产数据	录取泵压、油压、套压值，记录开井时间、压力、注水量、水表读数并填入报表	10	未录取泵压、油压、套压各扣3分；未记录开井时间、注水量、水表读数各扣3分；未填写报表扣2分	
6	清理场地	清理现场，收拾工具	5	未收拾保养工具扣2分；未清理现场扣3分；少收一件工具扣1分	
7	考核时限	10min，到时停止操作考核			
		合计 100 分			

任务 4　注水井正注改反洗井

洗井是指利用高压水清除注水井井筒、吸水层段的渗滤面及井底附近的杂质、污物，使吸水层段的渗滤面避免和减缓注入水水质的污染和堵塞。洗井是注水井管理非常重要的维护工作，是提高注水驱油效率的重要手段。洗井的方式分为正洗和反洗两种，反洗井就是洗井水从套管注入井内，从油管返出地面的洗井方式。注水井反洗井是注水井经常性的工作之一，是采油工应会的基本操作技能。

3.4.1　学习目标

通过学习，使学员熟练掌握注水井洗井的作用及正注改反洗井的操作程序，正确使用反洗井所用的管钳、活动扳手、秒表等工用具；能够熟练倒配水间流程和井口流程；能够熟练按照洗井要求和原则进行洗井操作；能够熟练倒回原流程；能够准确录取各项资料；能够辨识操作过程中的危害因素和违章行为，消除事故隐患；能够提高个人规避风险的能力，避免安全事故发生；能够在发生人身伤害时进行应急处置。

3.4.2　学习任务

本次学习任务包括倒配水间流程，倒井口流程，洗井，倒回原注水流程，录取资料。

3.4.3　背景知识

3.4.3.1　注水井洗井作用及条件

（1）洗井的作用

洗井的作用是为了把井底和井筒内的铁锈、结垢、沉淀物等脏物和杂质冲洗出来，保持井底和井筒清洁，保证注入水水质合格，防止脏物和杂质堵塞水嘴和污染吸水层渗滤面，使注入水畅通无阻的进入油层，达到"注好水、注够水"的目的。

（2）洗井的条件

注水井有以下几种情况，必须进行洗井。

① 排液井转注、化学堵水及动井下管柱后必须洗井。

② 正常注水井停注 24h 以上，恢复注水时要洗井。

③ 注入大量不合格的水时要洗井。

④ 正常注水井要定期（每季度）洗井。

⑤ 在相同注水压力下，注入量明显下降时要洗井。

⑥ 测试、调配、化学增注前后要洗井。

⑦ 已到洗井周期的注水井要洗井。

3.4.3.2　注水井洗井流程及要求

（1）反洗井流程

注水井反洗井流程阀门开关状态见图 3-4-1。

（2）洗井装置及水质样品

注水井洗井装置及水质样品见图 3-4-2。

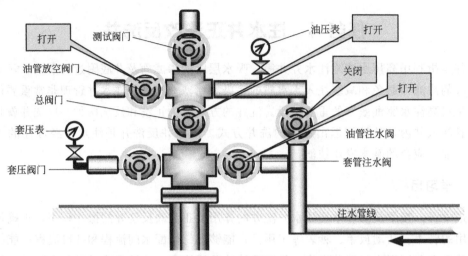

图 3-4-1　注水井反洗井流程阀门开关示意图

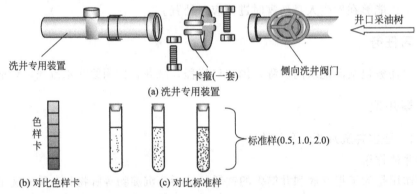

(a) 洗井专用装置

(b) 对比色样卡　　　　(c) 对比标准样

图 3-4-2　注水井洗井装置及水质样品示意图

(3) 洗井基本质量要求

① 彻底清洗油管、套管、射孔井段及口袋内的污物。

② 排量由小到大，控制进出口水量平衡，做到微喷不漏、连续平稳，一次成功。

③ 洗井达到进出口水质化验分析一致方为合格。

(4) 洗井不通原因与处理

① 洗井不通的原因：

ⅰ.流程倒错。

ⅱ.地面管线有堵塞、冻结或阀门闸板脱落损坏等。

ⅲ.封隔器不收缩或底部循环阀挡球失灵关闭。

ⅳ.井底砂面上升造成砂埋、砂堵进液孔。

② 洗井不通的处理方法：

ⅰ.检查倒通流程。

ⅱ.倒流程为井口放空流程，出口仍无水，检查管线和阀门并进行处理。

ⅲ.确认地面无问题，再改倒洗井流程，如仍不通可能为出砂原因，可采取反复关放空憋压后再开的方法，将砂堵处冲开。

ⅳ. 如以上方法实施后仍不通，则判断管柱有问题或油层砂埋，报修井作业处理。

3.4.4 任务实施

3.4.4.1 准备工作

① 正确穿戴劳保用品。

② 准备工具、用具见表 3-4-1。

③ 具备洗井条件的正常生产注水井一口，配件齐全。

表 3-4-1 注水井正注改反洗井工具、用具表

序号	工具、用具名称	规格	数量	序号	工具、用具名称	规格	数量
1	管钳	600mm	1把	6	秒表		1块
2	管钳	900mm	1把	7	黄油		适量
3	活动扳手	250mm	1把	8	棉纱		适量
4	活动扳手	375mm	1把	9	记录笔		1支
5	洗井专用装置		1套	10	记录纸		1张

3.4.4.2 操作过程

(1) 倒配水间流程

① 检查注水系统压力是否正常，是否符合洗井要求；流量计、压力表校验合格，灵活好用；流程各部件连接完好，无渗漏。

② 侧身关闭该注水井的注水上流阀门和下流阀门，停止注水。

(2) 倒井口流程

① 检查井口流程是否正常，各部件连接是否完好无渗漏，各阀门开关是否灵活好用；检查油、套管压力值是否在允许压力范围内。

② 打开回水间该井洗井混输阀门或接装好放空管线（高压水龙带）与进污油罐。

③ 侧身关闭总阀门，打开油管放空阀门，用角阀控制进站回压冲洗管线（放压至油压与回压持平，控制回压不超过 1.0MPa）至进出口水质一致时即可结束。

④ 侧身关闭油管注水阀门，打开总阀门，打开洗井（套管注水阀）阀门准备洗井。

(3) 洗井

侧身打开注水井的下流注水阀门、上流注水阀门，按照洗井方案由小到大调整好洗井排量。

ⅰ. 微喷不漏阶段控制排量 $15\sim20m^3/h$，要一直洗到出口水清洁为止。

ⅱ. 平衡洗井阶段控制排量 $25m^3/h$，当进出口排量一致、水质相同时，转为稳定洗井阶段。

ⅲ. 稳定洗井阶段控制排量 $30m^3/h$，进出口排量一致，稳定 2h。

(4) 倒回原流程

① 洗井合格后关闭油管放空阀门，关闭套管注水阀门，打开油管注水阀门。

② 关闭回水间该井洗井混输阀门或卸掉放空管线。

③ 配水间倒回正常注水时的流程。

(5) 录取资料

① 每 2h 记录一次井口压力、进出口水量，做一次水质化验。

② 洗井初期、中期、结束时，分别取水样，化验总铁、机械杂质含量。

③ 记录洗井时间、洗井压力、洗井水量并填入报表。

④ 操作完成后清理现场，将工具擦拭干净，保养存放。

3.4.5 归纳总结

① 新井投注前洗井，先冲洗地面管线。

② 无进出口计量设备时不能进行洗井。

③ 洗井不能中断，以保证洗井质量；若有漏失要立即停止洗井，以防油层受到污染。

④ 洗井时进出口水量要基本相同，要求微喷不漏，喷量控制在 $2m^3/h$ 左右。

⑤ 洗井中排量最高不能大于 $30m^3/h$，进出口水质必须达到一致，方可转注。

⑥ 对于下有封隔器的注水井只能进行反洗，不能正洗；对安装井下配水器的井进行洗井时，先关井拔出芯子，洗井合格后关井再重新投芯子恢复注水。

⑦ 操作时禁止跨越高压管线，避开卡箍接口处，防止高压水刺漏伤人。

⑧ 开关阀门要平稳缓慢操作，防止损坏封隔器及井下工具，防止丝杠打出伤人。

⑨ 正确使用 F 形扳手等工具，预防滑脱发生人身伤害。

⑩ 冬季洗井后应对回水管线进行吹扫。

⑪ 操作结束后，必须确认流程是否正确，观察压力正常后方可离开。

⑫ 应急处置：操作时发生人身意外伤害，应立即停止操作，脱离危险源后立即进行救治，如果伤情较重，立即拨打 120 急救电话送医院救治并汇报。

3.4.6 拓展链接

注入地层的注入水水质要好，才能不污染堵塞地层。一旦污物堵塞地层，应根据注水井的不同状况采取有针对性的洗井方法。

(1) 注入水水质基本要求

① 具有化学稳定性，与油层岩性及油层水配伍性好，注进油层后不产生沉淀。

② 具有良好的洗油能力，不会引起地层岩石颗粒及黏土膨胀，能将岩石孔隙中的原油有效地驱替出来。

③ 不携带悬浮物、固体颗粒、菌类、原油、矿物盐类等，以防堵塞地层孔隙。

④ 对设备腐蚀性要小。

(2) 洗井方式特点与选择

正洗井是洗井液从油管进入井筒，从油套环空返出井口，其特点是：冲刷能力强，携带能力弱；反洗井是洗井液从油套环空进入井筒，从油管返出井口，其特点是：洗井液携带污物能力较强，冲刷能力较弱。

洗井方式选择：正注井反洗；反注井正洗；下有封隔器的井，只能反洗，不能正洗。

(3) 特殊井洗井方法

① 易出砂井洗井：

ⅰ.采取大排量洗井方法，直接进入平衡洗井阶段，排量一般控制在 $20\sim30m^3/h$，洗至出口水质合格为止。

ⅱ.出砂井即使欠注也不应过于频繁洗井，否则易导致套管变形和破损。

② 地层压力高井洗井：宜采取小排量、长时间的洗井方法，避免喷量过大，排量一般

控制在 $15m^3/h$ 左右，洗井时间 4~6h。

③ 地层亏空井洗井：根据其地层压力低、不回吐、不出砂的特点，用大排量 $35m^3/h$ 洗井 2~3h，洗净井底、井筒污物。

④ 地面管损过大井洗井：地面管损过大可能导致洗井水量达不到要求排量，这类井应先进行单井管线除垢，然后再进行洗井。

3.4.7 思考练习

① 注水井为什么要洗井？

② 为什么下有封隔器的井不能正洗？

3.4.8 考核

3.4.8.1 考核规定

① 如违章操作，将停止考核。

② 考核采用百分制，考核权重：知识点（30%），技能点（70%）。

③ 考核方式：本项目为实际操作考题，考核过程按评分标准及操作过程进行评分。

④ 测量技能说明：本项目主要测试考生对注水井正注改反洗井掌握的熟练程度。

3.4.8.2 考核时间

① 准备工作：1min（不计入考核时间）。

② 正式操作时间：20min。

③ 在规定时间内完成，到时停止操作。

3.4.8.3 考核记录表

注水井正注改反洗井考核记录表见表 3-4-2。

表 3-4-2 注水井正注改反洗井考核记录表

序号	考核内容	评 分 要 素	配分	评 分 标 准	备注
1	准备工作	选择工具、用具；劳保着装整齐，600mm 管钳 1 把，900mm 管钳 1 把，250mm 活动扳手 1 把，375mm 活动扳手 1 把，洗井专用装置 1 套，秒表 1 块，生料带 1 卷，黄油、棉纱适量，记录笔 1 支，记录纸 1 张	5	未正确穿戴劳保不得进行操作，本次考核直接按零分处理；未准备工具、用具及材料扣 5 分；少选一件扣 1 分	
2	倒配水间流程	检查注水系统压力是否正常，流量计、压力表校验是否合格，流程各部件连接是否完好；关闭注水井上下流阀门停止注水	10	少检查注水系统压力、流量计、压力表、流程每项扣 3 分；未关闭上、下流阀门扣 10 分；关阀门未侧身扣 2 分；操作不平稳扣 1 分	
3	倒井口流程	检查井口流程各部件连接是否完好、各阀门开关是否灵活，检查油、套管压力值是否在允许范围内，打开回水间洗井混输阀门或接装好放空管线，关闭总阀门，打开油管放空阀门，用角阀控制进站回压冲洗管线，关闭油管注水阀门，打开总阀门，打开洗井（套管注水阀）阀门	25	不倒井口流程此项不得分；未检查流程、各阀门，油、套压力值一项扣 5 分；未打开回水间阀门或接装放空管线扣 10 分；新投产井未冲洗管线扣 3 分；不知道冲洗标准扣 2 分；未关闭油管注水阀门扣 5 分；未打开总阀门扣 5 分；未打开洗井阀门扣 5 分；开关阀门未侧身扣 5 分；操作不平稳扣 3 分；工具使用不当扣 2 分	

续表

序号	考核内容	评分要素	配分	评分标准	备注
4	洗井	打开注水井的上、下流阀门,由小到大调整好洗井排量;微喷不漏阶段控制排量 15～20m³/h,直到出口水清洁为止,平衡洗井阶段控制排量 25m³/h,进出口排量一致,水质相同;稳定洗井阶段控制排量 30m³/h,稳定 2h	25	未打开注水井上下流阀门扣 10 分;未由小到大控制洗井排量扣 10 分;不按照洗井阶段洗井扣 20 分;不知道各阶段排量控制标准扣 10 分;操作不平稳扣 5 分;开关阀门未侧身扣 3 分;洗井不合格此项不得分	
5	倒回原流程	关闭油管放空阀门,关闭套管注水阀门,打开油管注水阀门,关闭回水间洗井混输阀门或卸掉放空管线,配水间倒回正常注水流程	20	未关闭油管放空阀门扣 5 分;未关闭套管注水阀门扣 5 分;未打开油管注水阀门扣 5 分;未关闭回水间阀门或未卸放空管线扣 5 分;配水间未倒正常注水流程扣 10 分;开关阀门未侧身扣 2 分;操作不缓慢平稳扣 1 分	
6	录取资料	每 2h 记录一次井口压力、进出口水量,做一次水质化验;洗井初期、中期、结束时,分别取水样化验总铁和机械杂质含量,记录洗井时间、洗井压力、洗井水量并填入班报表	10	未 2h 记录一次井口压力、进出口水量扣 3 分;未化验水质扣 5 分;未记录洗井时间、洗井压力、洗井水量扣 3 分;未填写报表扣 1 分	
7	清理场地	清理现场,收拾工具	5	未收拾保养工具扣 2 分;未清理现场扣 3 分;少收一件工具扣 1 分	
8	考核时限	20min,到时停止操作考核			

合计 100 分

任务 5 注水井开井

注水井开井是为了向油层注水,平衡注采关系,改善油田的开发效果,提高原油的采收率。注水井开井就是使注水井开始或者恢复向油层正常注水的工作过程,是注水井管理中最基本的操作项目之一,安全正确的开注水井是采油工必须掌握的操作技能。

3.5.1 学习目标

通过学习,使学员掌握注水井开井操作程序及注意事项,正确使用开井所用的 F 形扳手、活动扳手等工用具;能够熟练检查并倒好井口流程,正确开关阀门;能够熟练检查配水间流程,正确调节好注水量;能够准确录取开井压力、水表读数等生产数据;能够辨识操作过程中的危害因素和违章行为,消除事故隐患;能够提高个人规避风险的能力,避免安全事故发生;能够在发生人身伤害时进行应急处置。

3.5.2 学习任务

本次学习任务包括检查配水间流程,检查倒好井口流程,开井注水,录取生产数据。

3.5.3　背景知识

3.5.3.1　注水井新井投注程序

注水井从完钻到正常注水，一般要经过排液、洗井、试注之后才能转入正常注水。

(1) 排液

排液放喷的目的是清除井底周围油层内的脏物，排出井底附近油层中的一部分原油，形成一个低压带，为注水创造有利条件。排液放喷的强度以不破坏油层结构为原则，含砂量一般控制在 0.2% 以下。

(2) 洗井

洗井的目的是把井底的腐蚀物及杂质等污物冲洗出来，避免注水后污物堵塞油层而影响注水效果。洗井方式分为正洗、反洗，有封隔器的井只能反洗。

(3) 试注

试注的目的是了解地层吸水能力大小，吸水能力大小常以吸水指数来表示。吸水指数是指在每一个单位压力差的作用下，每日地层能吸多少立方米的水量。试注时间的长短，以注水量稳定为原则，一般要试注 3～5 天。

(4) 转注 (投注)

转注就是指转入正常注水。注水井通过排液、洗井、试注，取全取准试注资料后，就具备了注水的条件，再经过配水后就可以转为正常的注水了。

3.5.3.2　注水井注不进水的原因与处理方法

(1) 原因

① 系统压力低。

② 流量计故障。

③ 管线堵塞或漏失。

④ 流程倒错。

⑤ 配水器滤网堵死或水嘴堵塞（分层注水井）。

⑥ 砂面过高，掩埋油层。

⑦ 注入水质不合格造成油层污染堵塞。

⑧ 地层渗透率低，吸水能力太差。

(2) 处理方法

① 提高系统注水压力。

② 维修更换流量计。

③ 解堵、补漏。

④ 检查倒通流程。

⑤ 反洗井或打捞更换。

⑥ 冲砂洗井。

⑦ 洗井或酸化处理。

⑧ 压裂、酸化。

3.5.3.3　地层破裂压力

地层受到外力作用，发生弹性变形，当外力超过一定限度之后，地层发生破裂。这个使地层产生破裂的压力，称为地层破裂压力（油层压裂施工，就是向油层加压，使其产生裂缝后，挤入支撑剂以增加地层渗透率）。但在注水井中，如果油层中有裂缝存在，注水时就会发生水串，将严重影响注水驱油效果，因此注水井注水时不能超过油层的破裂压力注水。

3.5.4 任务实施

3.5.4.1 准备工作

① 正确穿戴劳保用品。

② 准备工具、用具见表3-5-1。

③ 注水间、注水井配件齐全，具备注水条件。

表 3-5-1 注水井开井工具、用具表

序号	工具、用具名称	规格	数量	序号	工具、用具名称	规格	数量
1	活动扳手	200mm	1把	5	棉纱		适量
2	活动扳手	300mm	1把	6	记录笔		1支
3	F形扳手		1把	7	记录纸		1张
4	黄油		适量				

3.5.4.2 操作过程

(1) 检查配水间流程

① 检查压力表校验是否合格，注水系统压力是否正常，是否符合注水要求。

② 检查配水间流程是否正常，阀门、管线等各部件连接有无渗漏。

③ 检查流量计（或水表）检定是否合格并在有效使用期内。

(2) 检查倒好井口流程

① 检查注水井井口各阀门、法兰、流程等连接部位有无松动、渗漏。

② 检查压力表校验是否合格并在有效使用期内。

③ 按注水方式倒好流程：

ⅰ. 正注井：用F形扳手侧身缓慢打开油管注水阀门和总阀门。

ⅱ. 反注井：用F形扳手侧身缓慢打开套管注水阀门和总阀门。

(3) 开井注水

① 使用自控式流量计的配水间操作。

ⅰ. 根据日配注量换算出瞬时（每小时）流量值，然后设定瞬时流量值。

ⅱ. 侧身打开注水下流阀门，然后侧身缓慢开注水上流阀门，听到过水声时停止操作，观察压力变化及流量计数值变化，待压力慢慢上升达到平衡，再逐渐开大上流阀门，直到注水压力正常。

ⅲ. 待流量计自控阀发挥作用后，全部打开注水上流阀门。

ⅳ. 观察流量计数值，如注水量下降，及时调整水量到合格为止。

② 使用高压水表的配水间操作。

ⅰ. 根据日配注量换算出瞬时（每小时）水量。

ⅱ. 侧身缓慢开注水上流阀门，侧身缓慢开注水下流阀门，听到过水声时停止操作，观察压力变化，待压力慢慢上升达到平衡，逐渐开大上流阀门，直到注水压力正常。

ⅲ. 观察核实水表瞬时水量是否符合要求。

ⅳ. 如不符合要求，缓慢调整（稍开或稍关）注水下流阀门，直到水量合格为止。

③ 检查确认井口和配水间流程正确，压力正常。

（4）录取生产资料

① 录取泵压、油压、套压值，记录开井时间、压力、注水量、水表读数并填入报表。

② 操作完成后清理现场，将工具擦拭干净，保养存放。

3.5.5　归纳总结

① 按照配水方案定压、定量注水，实际注水量与配注量应相符。

② 多井或成排注水井开井时，要遵循先开低压井，后开高压井的原则。

③ 对有封隔器的合注井，先开总阀门使封隔器坐封，根据前后注水量检查是否密封，确认正常后再缓慢打开套管阀门，保持油、套压差在 0.5～0.7MPa 之间。

④ 用流量计计量水量的下流阀门应全部打开，用上流阀门控制水量；用水表计量水量的，上流阀门全部打开，用下流阀门控制水量。

⑤ 对于新井、作业井或停注超过 24h 的井，开井前要先进行洗井。

⑥ 操作时禁止跨越高压管线，避开卡箍接口处，防止高压水刺漏伤人。

⑦ 开关阀门要平稳，侧身缓慢操作，预防丝杠打出伤人。

⑧ 正确使用工具，F 形扳手开口向外。

⑨ 冬季要检查管线及井口有无冻堵处，确认流程正确，压力正常后方可离开。

⑩ 应急处置：操作时发生人身意外伤害，应立即停止操作，脱离危险源后立即进行救治，如果伤情较重，立即拨打 120 急救电话送医院救治并汇报。

3.5.6　拓展链接

按配水性质，目前油田注水方式可分为笼统注水和分层注水两种。

① 笼统注水（图 3-5-1）：笼统注水就是在注水井上不分层段，多层合在一起，在同一压力下进行注水的注水方式。笼统注水井只在套管中下入一光油管，以达到保护套管、建立

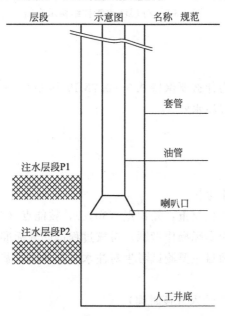

图 3-5-1　笼统注水管柱结构示意图

注入水循环体系、方便控制的目的。它只适合于油层单一、渗透率较高的油田，可分为正注和反注两种方式。

② 分层注水（图 3-5-2）：分层注水就是根据油层的性质及特点，在注水井上对不同性质油层区别对待，应用以封隔器、配水器为主组成的分层配水管柱，将各种油层分隔开来，用不同的压力对不同的油层定量注水的方式。分层注水是针对非均质、多油层油田注水开发的工艺技术，既可以加大差油层的注水量，也可以控制好油层的注水量，分为正注和合注两种方式。

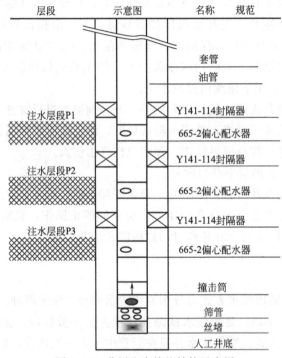

图 3-5-2　分层注水管柱结构示意图

3.5.7　思考练习

① 有封隔器的合注井为什么要保持 0.5～0.7MPa 压差？

② 注水井为什么要分层注水？

3.5.8　考核

3.5.8.1　考核规定

① 如违章操作，将停止考核。

② 考核采用百分制，考核权重：知识点（30%），技能点（70%）。

③ 考核方式：本项目为实际操作考题，考核过程按评分标准及操作过程进行评分。

④ 测量技能说明：本项目主要测试考生对注水井开井操作掌握的熟练程度。

3.5.8.2　考核时间

① 准备工作：1min（不计入考核时间）。

② 正式操作时间：10min。

③ 在规定时间内完成，到时停止操作。

3.5.8.3 考核记录表

注水井开井考核记录表见表 3-5-2。

表 3-5-2 注水井开井考核记录表

序号	考核内容	评分要素	配分	评分标准	备注
1	准备工作	选择工具、用具；劳保着装整齐，F形扳手1把，200mm活动扳手1把，300mm活动扳手1把，黄油、棉纱少许，记录笔1支，记录纸1张	5	未正确穿戴劳保不得进行操作，本次考核直接按零分处理；未准备工具、用具及材料扣5分；少选一件扣1分	
2	检查配水间流程	检查压力表、检查注水系统压力是否正常，检查配水间流程是否正常、各阀门开关是否灵活，检查流量计是否灵活好用	20	未检查压力表扣2分；未检查系统压力扣5分；未检查阀门流程扣3分；未检查流量计扣10分；跨越管线扣5分	
3	检查倒好井口流程	检查井口流程是否正常、各阀门开关是否灵活好用，检查压力表校验是否合格并在有效期内，按注水方式倒好井口流程	30	不会倒流程此项不得分；未检查井口流程阀门扣10分；未检查压力表扣5分；开阀门不侧身扣5分；工具使用不当扣5分；操作不平稳2分	
4	开井注水	使用自控式流量计：计算、设定瞬时流量，开注水下流阀，开注水上流阀，观察压力、流量计，待压力达到平衡，待流量计自控阀发挥作用全部打开上流阀，观察调整注水量 使用高压水表：计算瞬时水量，开注水上流阀，开注水下流阀，观察压力，待压力达到平衡开大上流阀门，观察调整注水量，检查流程、压力是否正常	30	不知道各类井（多井开井、下封隔器井等）开井原则和方法此项不得分；不会计算设定瞬时流量扣20分；开阀门未缓慢侧身扣5分；压力未达到平衡就开大阀门扣5分；自控阀未发挥作用就全部打开阀门扣10分；不会调整注水量扣10分；操作不平稳扣3分；工具使用不当扣5分；未检查流程和压力扣5分	
5	录取生产资料	录取油压、套压，记录开井时间、压力、水表底数并填入报表	10	未录取油压、套压扣3分；未记录开井时间、水表底数各扣3分；未填写报表扣1分	
6	清理场地	清理现场，收拾工具	5	未收拾保养工具扣2分；未清理现场扣3分；少收一件工具扣1分	
7	考核时限	10min，到时停止操作考核			

合计 100 分

任务6 注水井关井

注水井在生产过程中，由于采取调配措施、地面设备发生故障、井下工具发生故障或者按地质要求关井测试等，都需要进行停注关井操作。注水井关井就是关闭配水间和井口的注水阀门，切断注水流程，停止向油层注水。关井操作是注水井管理的基本操作项目之一，安全正确的关井停注是采油工必须掌握的操作技能。

3.6.1 学习目标

通过学习，使学员能够掌握注水井关井的操作程序和注意事项，正确使用关井所用的 F 形扳手、活动扳手等工具、用具；能够熟练倒配水间停注流程，正确关闭高压阀门；能够正确关闭井口阀门进行关井，能够正确进行冬季关井放溢流操作；能够准确录取关井资料。能够辨识操作过程中的危害因素和违章行为，消除事故隐患；能够提高个人规避风险的能力，避免安全事故发生；能够在发生人身伤害时进行应急处置。

3.6.2 学习任务

本次学习任务包括停止配水间注水，关井，录取资料。

3.6.3 背景知识

3.6.3.1 注水井关井原则及井口关井方法

（1）关井原则

多井或成排注水井关井时，要先关高压井，后关低压井，防止注入水倒流回系统和憋压。

（2）注水井井口关井方法

① 正注井在井口关井时，关闭油管注水阀门（图 3-6-1）。

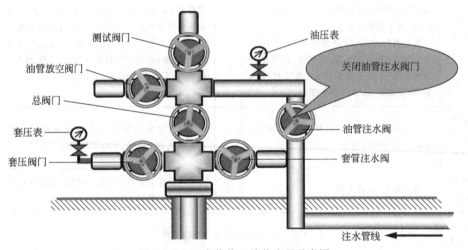

图 3-6-1　正注井井口关井流程示意图

② 反注井在井口关井时，关闭套管注水阀门（图 3-6-2）。

③ 合注井井口关井时，先关套管注水阀门，后关油管注水阀门（图 3-6-3）。

3.6.3.2 注水井关井（降压）的作用

注水井关井一般都是指生产上的关井，并且多数是作业调整等措施前的关井，它不仅是停注，而且是降压，即正式作业抬井口时，井底压力要由原来的高压状态慢慢降下来，主要是防止抬井口时压力突然下降导致套管损坏或变形。所以说关井降压是注水井管理工作中一项非常重要的工作，必须认真对待，其操作简单，只需关闭来水阀门或注水下流阀门即可。

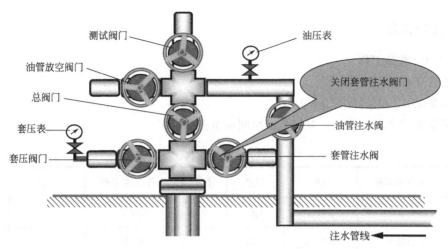

图 3-6-2　反注井井口关井流程示意图

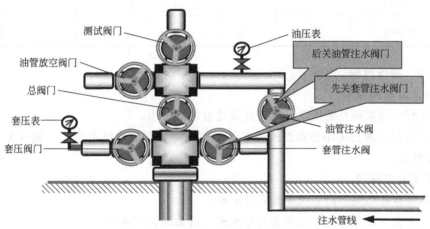

图 3-6-3　合注井井口关井流程示意图

3.6.3.3　注水井放溢流流程

注水井生产过程中，有时会由于各种原因需要短时间关井停注，如果是在冬季，为了防止停注后注水管线发生冻堵，必须倒注水井放溢流井口流程（图 3-6-4）。

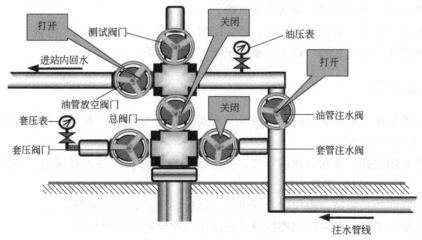

图 3-6-4　注水井放溢流井口流程示意图

3.6.4　任务实施

3.6.4.1　准备工作

① 正确穿戴劳保用品。

② 准备工具、用具见表 3-6-1。

③ 正常生产注水井一口，井口、配水间设备齐全。

表 3-6-1　注水井关井工具、用具表

序号	工具、用具名称	规格	数量	序号	工具、用具名称	规格	数量
1	活动扳手	375mm	1 把	5	记录纸		1 张
2	活动扳手	200mm	1 把	6	棉纱		适量
3	F 形扳手		1 把	7	黄油		适量
4	记录笔		1 支				

3.6.4.2　操作过程

(1) 停止配水间注水

① 检查配水间流程是否正常，阀门开关是否灵活好用。

② 用 F 形扳手侧身关闭分水器的注水上流阀门，切断注水站的来水，侧身关闭注水下流阀门停止注水。

(2) 关闭井口阀门

① 正注井在井口关井时，关闭油管注水阀。

② 合注井在井口关井时，先关套管注水阀，后关油管注水阀。

③ 反注井在井口关井时，关闭套管注水阀。

④ 冬季短期关井要放溢流，即打开回水间混输阀门，关闭总阀门，打开洗井管线进站阀门，控制溢流量在 $0.5\sim1.0\,\mathrm{m^3/h}$。

(3) 检查录取资料

① 检查各阀门关闭严密，确认流程正确。

② 录取关井压力，记录水表底数、关井时间、压力、关井人并填入报表。

③ 操作完成后清理现场，将工具擦拭干净，保养存放。

3.6.5　归纳总结

① 多井或成排注水井关井时，应先关高压井，后关低压井；有封隔器的合注井，先关套管阀门，后关油管阀门。

② 冬季长期关井，要吹扫地面管线，扫净后用保温材料包好进行保温；短期关井地面管线及井口要放空，以防冻堵。

③ 高压管线禁止跨越，操作时避开卡箍接口处，防止高压水刺漏伤人。

④ 正确使用工具，开关阀门要侧身平稳操作，避免丝杠飞出伤人。

⑤ 确认流程正常后方可离开。

⑥ 应急处置：操作时发生人身意外伤害，应立即停止操作，脱离危险源后立即进行救治，如果伤情较重，立即拨打 120 急救电话送医院救治并汇报。

3.6.6　拓展链接

注水井生产中经常进行调整和重配。

(1) 调整目的

分层注水井因地层情况变化而改变注水方案，如注水层段改变、配注量改变或卡点位置改变，管柱失效（包括油管漏失、井下工具损坏、失灵）或者出现水嘴堵、刺大、掉等都需要进行调整，才能达到合理有效注水的目的。

(2) 注水井调整、重配的条件

注水井出现下列情况需要调整或重配。

① 注采不平衡，油层压力急剧下降或急剧上升。

② 连通油井中出现新的见水层位或含水上升速度过快。

③ 注水层段的性质发生改变。

④ 原方案划分的配注层段或确定的配注量不合理。

⑤ 相连通油井采取了增产措施。

⑥ 区块补钻调整井后。

(3) 注水井调配与重配的区别

注水井调整中，只调整各层段或几个层段的水量以及封隔器失效后的作业，叫重配；调整封隔器位置，重新划分配注层段，叫调配。

3.6.7　思考练习

① 注水井为什么要关井停注？

② 注水井调整中，重配与调配的区别是什么？

3.6.8　考核

3.6.8.1　考核规定

① 如违章操作，将停止考核。

② 考核采用百分制，考核权重：知识点（30%），技能点（70%）。

③ 考核方式：本项目为实际操作考题，考核过程按评分标准及操作过程进行评分。

④ 测量技能说明：本项目主要测试考生对注水井关井操作掌握的熟练程度。

3.6.8.2　考核时间

① 准备工作：1min（不计入考核时间）。

② 正式操作时间：10min。

③ 在规定时间内完成，到时停止操作。

3.6.8.3　考核记录表

注水井关井考核记录表见表 3-6-2。

表 3-6-2　注水井关井考核记录表

序号	考核内容	评分要素	配分	评分标准	备注
1	准备工作	选择工具、用具;劳保着装整齐,F形扳手 1 把,200mm 活动扳手 1 把,375mm 活动扳手 1 把,记录笔 1 支,记录纸 1 张,黄油、棉纱适量	5	未正确穿戴劳保不得进行操作,本次考核直接按零分处理;未准备工具、用具及材料扣 5 分;少选一件扣 1 分	
2	停配水间注水	检查配水间流程是否正常,阀门是否灵活好用,侧身关闭分水器的注水上、下流阀门停止注水	30	未检查配水间流程、阀门扣 10 分;未关闭注水上、下流阀门扣 30 分;关阀门未侧身扣 10 分;操作不平稳扣 5 分;F形扳手使用不当扣 5 分	
3	关闭井口阀门	正注井关闭油管注水阀;反注井关闭套管注水阀;合注井先关套管注水阀,后关油管注水阀;冬季短期关井要放溢流	40	不知道各种注水方式关闭的阀门此项不得分;不会放溢流操作扣 30 分;不知道溢流量扣 5 分;关阀门未侧身扣 10 分;操作不平稳扣 10 分;跨越高压管线扣 10 分;工具使用不当扣 5 分	
4	检查录取资料	检查各阀门关闭严密、流程正确,记录水表底数、关井时间、关井压力、关井人,填写报表	20	未检查流程阀门扣 10 分;少记录关井压力、时间、水表底数、关井人一项扣 5 分;未填写报表扣 3 分	
5	清理场地	清理现场,收拾工具	5	未收拾保养工具扣 2 分;未清理现场扣 3 分;少收一件工具扣 1 分	
6	考核时限	10min,到时停止操作考核			
合计 100 分					

项目4
抽油机井管理

油田开发过程中，有些油田由于地层能量逐渐下降，到一定时期地层能量就不能使油井保持自喷；有些油田则因为原始地层能量低或油稠，一开始就不能自喷。油井不能保持自喷时，或虽然能自喷但产量过低时，就必须借助机械的能量进行采油，这种利用机械进行采油的方法称为机械采油。

机械采油按照是否用抽油杆来传递动力可分为有杆泵采油和无杆泵采油两大类。

有杆泵采油——地面动力通过抽油杆柱传递，带动抽油泵做功，将井内液体抽至地面的采油方法。有杆泵采油又分为常规有杆泵采油和螺杆泵采油两种。常规有杆泵采油又分为游梁式抽油机采油和无游梁式抽油机采油。

无杆泵采油——利用不借助于抽油杆来传递动力的抽油设备而进行的机械采油统称为无杆泵采油。如水力活塞泵、电动潜油泵、射流泵等。

本项目根据现场生产实际情况及采油岗位日常管理需求，设置了15项任务。

任务 1 录取抽油机井油、套压

抽油机井油、套压资料是采油工作中所录取的动态资料之一，它的变化可以反映油井生产变化情况、地层供液情况及油井工作制度是否合理，正确录取油、套压资料是采油工取准资料分析油井的基础工作，是采油工必须掌握的一项基本操作技能。

4.1.1 学习目标

通过学习，使大家掌握录取抽油机井油、套压的目的及操作规程，正确使用录取抽油机井油、套压操作所用扳手、通针；能够检查流程开关是否正确；能够正确检查压力表；能够正确安装压力表；能够正确读取压力值，取全、取准油、套压力；能够填写班报表；能够辨识违章行为，消除事故隐患；能够提高个人规避风险的能力，避免安全事故发生；能够在发生人身意外伤害时，进行应急处置。

4.1.2 学习任务

本次学习任务包括操作前检查，安装压力表，录取油、套压，填写班报表。

4.1.3 背景知识

4.1.3.1 压力表

压力表是用来观察和录取压力资料的。油、水井上常用的压力表是扁曲弹簧管（包氏管）式压力表，其工作原理是：扁曲弹簧管固定的一端与压力表的表把连通，另一端通过连杆、扇形齿轮机构、中心轴和指针连接。扁曲弹簧管外圆的受力面积大于内圆的受力面积。扁曲弹簧管充压后外圆面受力大于内圆面受力，使扁曲弹簧管向直线方向伸动（充压越大，伸动越大），从而拉动连杆，带动扇形齿轮机构、心轴和指针转动，在表盘刻度上显出压力值，扁曲弹簧管式压力表外形见图 4-1-1。

压力表在使用过程中应经常进行检查和校对，现场上常用的方法是：互换法、落零法，用标准压力表核对。

4.1.3.2 压力表接头

压力表螺纹"M"代表牙尖角为 60°的管螺纹，安装压力表的针形阀螺纹"G"代表牙尖角为 55°的非自密封管螺纹。压力表接头就是用来连接安装压力表阀门与压力表之间的连接体，可以实现同扣型密封连接。压力表接头形式多样，有焊接式管接头、扩管式接头、三通中间接头、弯通中间接头、直通中间接头、直通锥管接头、压力表直通接头、卡套式管接头等，油田常用的压力表接头见图 4-1-2。

图 4-1-1　压力表

图 4-1-2　压力表接头

4.1.3.3 压力表精度等级

在压力表表盘中下方均有 0.5、1.5 或 2.5 的数字，这些数字是压力表的精度等级，如一块量程为 25MPa 的压力表，精度等级为 0.5，那么它的最大误差值是 $0.005 \times 25 = 0.125$MPa，所以在录取的压力值读数时要考虑是否超过误差。

4.1.4 任务实施

4.1.4.1 准备工作

① 正确穿戴劳保用品。

② 准备工具、用具见表 4-1-1。

③ 正常生产抽油机井一口，且井口设备齐全符合要求。

表 4-1-1 录取抽油机井油、套压工具、用具表

序号	工具、用具名称	规格	数量	序号	工具、用具名称	规格	数量
1	管 钳	600mm	1 把	6	压力表垫		适量
2	活动扳手	150mm	1 把	7	记录纸		适量
3	活动扳手	300mm	1 把	8	记录笔		1 支
4	压力表	合适量程	2 块	9	棉纱		适量
5	生料带		1 卷	10	通针		1 根

4.1.4.2 操作过程

(1) 操作前检查

① 检查压力表是否在校验日期内，表盘、表壳有无损坏，有无警戒线。

② 检查井口生产流程是否正确，有无渗漏，确认油井出油正常。

③ 检查套管气是否回收，如回收应关闭收气阀门。

(2) 安装压力表

① 记录油、套压力值，关压力表针型阀手轮，用扳手卸松压力表，指针归零，说明压力表准确好用。

② 清理压力表接头，放好垫片，选择合适压力表用通针检查无堵塞后，用扳手装在表接头上，不能用手拧压力表。

(3) 录取油、套压

① 缓慢打开压力表针形阀，待压力稳定后记录油、套压压力表读数，读数时眼睛、指针、刻度三点成一线垂直表盘。

② 读取压力值时，如果压力表指针出现波动，取其平均值。

③ 对比换表前后的油、套压压力值，如数值变化较大，再次换表确认压力，如前后一致，换回原压力表生产。

④ 套压录取结束后，倒回正常收气流程。

(4) 填写报表

① 将有关资料填入报表。

② 清理现场，将工具擦拭干净，保养存放。

4.1.5 归纳总结

① 录取的压力值须在压力表的量程 1/3～2/3 之间，否则要更换量程适合的压力表。

② 检查压力表时放空或卸表要缓慢，防止放空时油水溅出污染。

③ 拆压力表时，另一只扳手打备，防止将压力表针形阀卸下，造成跑油污染事故。

④ 拆装压力表时，不能直接用手拧，防止拧坏压力表或拧破压力表玻璃造成人身伤害。

⑤ 应急处置：操作时发生人身意外伤害，应立即停止操作，脱离危险源后立即进行救治，如果伤情较重，立即拨打 120 急救电话送医院救治并汇报。

4.1.6 拓展链接

油井相关的压力指标主要有原始地层压力、静止压力（静压）、流动压力（流压）、油管

压力（油压）和套管压力（套压）。而在日常生产中，油压与套压是采油工必须随时监测，按班次录取的内容。

（1）原始地层压力

油（气）层开采以前的地层压力，称为原始状态下的地层压力，单位为 MPa。原始地层压力一般都是通过探井、评价井（资料井）试油时，下井底压力计至油（气）层中部测得。原始地层压力也可用试井法、压力梯度法等求得。

（2）静止压力

油（气）井关井恢复压力，稳定后所测得的油（气）层中部压力叫静止压力，简称静压。油（气）层静压代表测压时的目前油（气）层压力，是衡量油（气）层压力水平的标志，因此需要定期监测。

（3）流动压力

油（气）井在正常生产时所测得的油（气）层中部的压力叫流动压力，也叫井底压力，简称流压。流入井底的油气就是靠流动压力举升至地面，因此流动压力是油（气）井自喷能力大小的重要标志。

（4）油管压力

油气从井底经过油管到达井口后的剩余压力叫油管压力，简称油压。由油管压力表测得，其值为流动压力减去井内油气混合液柱压力、摩擦阻力及滑脱损失。油压大小取决于流压的高低，而流压又与油层压力有关，油压的高低是油井能量大小的反映。

（5）套管压力

流动压力把油气从井底经过油、套管之间的环形空间举升到井口后的剩余压力叫套管压力，简称套压。由套管压力表测得，其值为流动压力减去环形空间液柱与气柱压力。套压与油压都是反映油井生产状况的重要指标，须认真录取，及时分析变化原因。

4.1.7　思考练习

① 一块 20MPa 压力表，其精度等级是 1.5，那么它的最大误差值是多少？

② 压力表的实际工作压力在什么区间时误差较小？

4.1.8　考核

4.1.8.1　考核规定

① 如违章操作，将停止考核。

② 考核采用百分制，考核权重：知识点（30%），技能点（70%）。

③ 考核方式：本项目为实际操作考题，考核过程按评分标准及操作过程进行评分。

④ 测量技能说明：本项目主要测试考生对录取抽油机井油、套压操作掌握的熟练程度。

4.1.8.2　考核时间

① 准备工作：1min（不计入考核时间）。

② 正式操作时间：10min。

③ 在规定时间内完成，到时停止操作。

4.1.8.3　考核记录表

录取抽油机井油、套压考核记录表见表 4-1-2。

表 4-1-2　录取抽油机井油、套压考核记录表

序号	考核内容	评分要素	配分	评分标准	备注
1	准备工作	选择工具、用具：劳保着装整齐，150mm 活动扳手 1 把，300mm 活动扳手 1 把，600mm 管钳 1 把，记录笔 1 支，记录纸 1 张，压力表 2 块，垫片适量，通针 1 套，棉纱适量	5	未正确穿戴劳保不得进行操作，本次考核直接按零分处理；未准备工具、用具及材料扣 5 分；少选一件扣 1 分	
2	操作前检查	检查压力表量程、铅封、合格证、量程线、指针、外观、表通孔、校验日期、检查流程、关收气阀门	25	未检查油、套压表外观、校验日期、合格证、量程线、指针归零、表通孔、铅封各扣 2 分；油、套压表量程错各扣 5 分；未检查井口流程扣 5 分；未检查阀门渗漏扣 2 分；未检查套压阀门扣 2 分；未关套管收气阀扣 5 分	
3	安装压力表	记录油、套压力值，卸松旧压力表，指针应归零，清理压力表接头，放好垫片，选择合适压力表用通针检查无堵塞后，装在表接头上，不能用手拧压力表	30	未记录旧压力表值扣 5 分；未用扳手卸压力表扣 10 分；卸压力表时扳手未打备扣 3 分；未缓慢卸扣 2 分；未清理表接头扣 3 分；未装压力表垫片扣 3 分；扳手用错或掉一次扣 1 分；未用通针检查压力表扣 5 分；压力表直接装在阀门上扣 5 分	
4	录取压力	缓慢打开针形阀，三点一线读值，指针波动时取平均值，对比换表前后压力，换回原压力表生产，套压录取结束后，倒回正常收气流程	25	未缓慢打开阀门扣 3 分；压力未稳定读值扣 3 分；未三点一线读值扣 5 分；压力波动时未取平均值扣 3 分；未对比换表前后压力值扣 5 分；未换回原表扣 3 分；未倒通收气流程扣 5 分	
5	填写数据	填写井号、油压、套压、时间、录取人	10	未填写井号扣 2 分；未填写油压扣 2 分；未填写套压扣 2 分；油、套压填反扣 2 分；未填写录取人扣 1 分；未填写录取时间扣 1 分	
6	清理场地	清理现场，收拾工具	5	未收拾保养工具扣 2 分；未清理现场扣 3 分；少收一件工具扣 1 分	
7	考核时限	10min，到时停止操作考核			
		合计 100 分			

任务 2　用钳形电流表检查抽油机平衡

使用钳形电流表测量抽油机电动机工作电流是采油工管理抽油机井，判断抽油机运转状况的一项基本技能。通过正确使用钳形电流表，测量电动机各相线在抽油机上、下冲程中通过的电流值，可以计算、判断抽油机平衡状况及确定需要调整的方向、距离和油井生产情况。它是采油工必须掌握的一项基本操作技能。

4.2.1　学习目标

通过学习使大家正确使用钳形电流表测量抽油机三项电流；能够正确检查钳形电流表；能够熟练调整钳形电流表归零；能够正确用试电笔检查配电箱及导线是否带电；能够熟练测

量抽油机上、下行峰值电流；能够计算抽油机平衡度，能够正确判断平衡块调整方向；能够辨识违章行为，消除事故隐患；能够提高个人规避风险的能力，避免安全事故发生；能够在发生人身意外伤害时，进行应急处置。

4.2.2 学习任务

本次学习任务包括正确检查钳形电流表，测抽油机上、下行峰值电流，计算平衡度，填写报表。

4.2.3 背景知识

4.2.3.1 钳形电流表

钳形电流表是由电流互感器和电流表组合而成。电流互感器的铁心在捏紧扳手时可以张开；被测电流所通过的导线可以不切断就穿过铁心张开的缺口，当放开扳手后铁心闭合。通常用普通电流表测量电流时，需要将电路切断停机后才能将电流表接入进行测量，这是很麻烦的，有时正常运行的电动机不允许这样做。此时，使用钳形电流表就显得方便多了，可以在不切断电路的情况下来测量电流，钳形电流表结构见图 4-2-1。

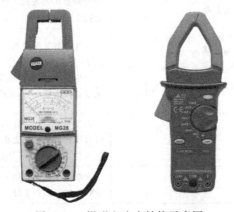

图 4-2-1　钳形电流表结构示意图

4.2.3.2 钳型电流表工作过程

穿过铁心的被测电路导线就成为电流互感器的一次线圈，其中通过交流电便在二次线圈中感应出电流。从而使二次线圈相连接的电流表有指示——测出被测线路的电流。钳形表可以通过转换开关的拨挡，改换不同的量程。但拨挡时不允许带电进行操作。钳形表一般准确度不高，通常为 2.5～5 级。为了使用方便，表内还有不同量程的转换开关供测不同等级电流以及测量电压的功能。

4.2.3.3 绝缘手套

绝缘手套是操作电气设备时使用的辅助绝缘安全用具，需与基本绝缘安全器具配套使用，在 400V 以下带电设备上直接用于不停电作业，在满足人体安全距离的前提下，不允许超过绝缘手套的标称电压等级使用。绝缘手套是用绝缘橡胶或乳胶经压片、模压、硫化或浸模成型的五指手套，具有防电、防水、耐酸碱、防化、防油的功能。

(1) 使用前应了解的知识

① 在使用此类手套之前，必须对其有无粘黏现象，以及有无漏气现象进行相关的检测。

② 在使用此类手套之前，必须检查其是否属于合格产品，是否在产品的保质期限内。

(2) 使用时应了解的知识

① 在佩戴绝缘手套时，手套的指孔与使用者的双手应该吻合，同时，使用者还应将其工作服的袖口放在手套口里面。

② 如果手套出现了被油污、脏物污染的情况，可以选择使用肥皂及用温水对其进行洗涤。当其上沾有油类物质时，切勿使用香蕉水对其进行除污，因为香蕉水会损害其绝缘性能。

③ 绝缘手套在使用过程中若出现受潮情况，应该先将其晾干，然后再在手套内外涂一些滑石灰保存。

(3) 使用后应了解的知识

① 绝缘手套在使用之后，应该将其进行统一的编号，再把它们存放在通风干燥的地方。

② 绝缘手套在保存过程中不能与带有腐蚀性的物品放在一起。

③ 绝缘手套在保存过程中应该放在阳光直射不到的地方。

④ 绝缘手套在保存过程中应该放在专用支架上面，同时手套上面不能堆放任何其他物品。

4.2.4　任务实施

4.2.4.1　准备工作

① 正确穿戴劳保用品。

② 准备工具、用具见表 4-2-1。

③ 正常生产抽油机井一口，且配电柜、电机符合要求。

表 4-2-1　使用钳形电流表检查抽油机平衡工具、用具表

序号	工具、用具名称	规格	数量	序号	工具、用具名称	规格	数量
1	数字式电流表	500A	1块	5	计算器		1个
2	指针式电流表	500A	1块	6	记录纸		1张
3	试电笔	500V	1支	7	记录笔		1支
4	绝缘手套		1副	8	棉纱		适量

4.2.4.2　操作过程

(1) 检查钳形电流表

① 检查钳形电流表有无出厂合格证，表体有无破损伤痕并擦拭钳口。

② 指针式电流表检查指针是否归零，如不在零位，用试电笔在表盖上调节零位旋钮使指针至零位；数字式检查电流表是否有电、归零，检查锁定键是否锁定。

③ 将钳形电流表调节旋钮拨到最大挡位（或根据电机的额定电流选择合适的挡位）。

(2) 测抽油机上、下行峰值电流

① 用试电笔检验配电箱及线路有无漏电现象。

② 戴绝缘手套打开配电箱门，将被测导线垂直卡入钳形电流表钳口中央，若电流值不在 1/3~2/3 范围内，则需要转换合适挡位，转换时钳口应脱离导线，防止损坏钳形电流表。

③ 当钳形电流表反映上、下电流较平稳后，读取电流值，每相测 3 次，求出平均值。

④ 分别测出三相在抽油机驴头上下冲程的峰值电流。

（3）计算平衡度

① 根据三相电流平均值计算平衡度，判断平衡状况。按上、下冲程电流值计算平衡度。

$$平衡度=\frac{下冲程峰值电流}{上冲程峰值电流}\times100\%$$

② 判断平衡块调整方向，平衡度在 80%～110% 之间为合格，当平衡度＜ 80% 时为欠平衡，平衡块向远离输出轴的方向调整（外移）；当平衡度＞110% 时为过平衡，平衡块向靠近输出轴的方向调整（内移）。

③ 操作完成后清理现场，将工具擦拭干净，保养存放，将有关资料填入报表。

（4）填写报表

① 清理现场；将工具擦拭干净，保养存放。

② 将有关资料填入报表。

4.2.5 归纳总结

① 钳形电流表使用前要检查电流表各挡位的功能，以免拨错挡位，损坏电流表。

② 表头部分不得随意拆动，不得猛烈振动或击打。

③ 钳形电流表不得倾斜使用，以免数据不准。

④ 读值时，眼睛、指针、刻度成一条垂于表盘的直线。

⑤ 换挡时钳形电流表钳口应移开导线。

⑥ 使用钳形电流表时必须戴好绝缘手套，防止触电。

⑦ 应急处置：操作时发生人身意外伤害，应立即停止操作，脱离危险源后立即进行救治，如果伤情较重，立即拨打 120 急救电话送医院救治并汇报。

4.2.6 拓展链接

钳形电流表是比较精密的测量仪表，使用中的注意事项如下。

① 测量前，应检查仪表指针是否在零位，若不在零位，则应调到零位。同时应根据设备额定电流，选择适当的量程。如果被测电流无法估计，则应先把钳形表置于最高挡，逐渐下调切换，至指针在刻度的中间段为止。

② 应注意钳形电流表的电压等级，不得将低压表用于测量高压电路的电流中。

③ 每次只能测量一根导线的电流，不可将多根载流导线都夹入钳口测量。被测导线应置于钳口中央，否则误差将很大（大于 5%）。当导线夹入钳口时，若发现有振动或碰撞声，应将仪表扳手转动几下，或重新开合一次，直到没有噪声才能读取电流值。测量大电流后，如果还要测量小电流，应打开钳口几次，以消除铁芯中的余磁，提高测量准确度。

④ 在测量过程中不得切换量程，否则就会造成二次回路瞬间开路，感应出高电压而击穿表内元件绝缘。若是选择的量程与实际数值不符，需要变换量程时，应先将钳口打开。

⑤ 若被测导线为裸导线，则必须事先将邻近各相用绝缘板隔离，以免钳口张开时出现相间短路。

⑥ 测量时，如果附近有其他载流导体，所测的值会受到载流导体的影响而产生误差。

此时，应将钳口置于远离其他导线的一侧。

⑦ 每次测量后，应把调节电流量程的切换开关置于最高挡位，并开几次钳口，以免下次使用时因为未选择量程就进行测量而损坏仪表。

⑧ 有电压测量挡的钳形表，电流和电压要分开测量，不得同时测量。

⑨ 测量 5A 以下电流时，为获得较为准确的读数，若条件许可，可将导线多绕几圈放进钳口测量，此时实际电流值为钳形表的示值除以所绕导线圈数。

⑩ 读数时要注意安全，切勿触及其他带电部分。

⑪ 钳形电流表应保存在干燥的室内，钳口处应保持清洁，使用前后都应擦拭干净。

4.2.7　思考练习

① 某抽油机井运行电流上冲程时为 30A，下冲程时为 36A，计算该抽油机平衡度为多少。

② 钳形电流表使用注意事项有哪些？

4.2.8　考核

4.2.8.1　考核规定

① 如违章操作，将停止考核。

② 考核采用百分制，考核权重：知识点（30%），技能点（70%）。

③ 考核方式：本项目为实际操作考题，考核过程按评分标准及操作过程进行评分。

4.2.8.2　考核时间

① 准备工作：1min（不计入考核时间）。

② 正式操作时间：10min。

③ 在规定时间内完成，到时停止操作。

4.2.8.3　考核记录表

使用钳形电流表检查抽油机井平衡考核记录表见表 4-2-2。

表 4-2-2　使用钳形电流表检查抽油机平衡考核记录表

序号	考核内容	评分要素	配分	评分标准	备注
1	准备工作	选择工具、用具：劳保着装整齐，100mm 平口螺丝刀 1 把，钳形电流表 1 块，计算器 1 个，试电笔 1 支，绝缘手套 1 副，记录纸 1 张，记录笔 1 支，棉纱适量	5	未正确穿戴劳保不得进行操作，本次考核直接按零分处理；未准备工具、用具及材料扣 5 分；少选一件扣 1 分	
2	检查钳形电流表	检查钳形电流表合格证，钳口、表头有无脏物，钳口是否灵活好用，机械调零使指针在零位	15	少检查一项扣 5 分；不会调零扣 5 分；未调零扣 5 分	
3	测抽油机上、下行峰值电流	选择合适挡位或由大到小选挡，钳形电流表垂直被测导线中央读出上、下行峰值电流，如峰值电流接近量程挡位（一般在 1/3～2/3 之间）应换挡重新取值，换挡时从导线上取下电流表或张开钳口，读数时眼睛、表盘、指针要三点一线	35	不会由大到小调挡或调挡错误扣 10 分；钳口不垂直或不水平扣 5 分；导线与钳口不居中扣 5 分；不会换挡扣 10 分；换挡时不取表或不张开钳口扣 10 分；读数时未三点一线扣 5 分；取值有 2A 以上的误差扣 5 分；拍击振动钳形电流表扣 20 分	

序号	考核内容	评 分 要 素	配分	评 分 标 准	备注
4	计算平衡度	用公式计算该井的平衡度，根据结果判断平衡块的调整方向	30	不会计算扣 20 分；计算结果错误扣 10 分；不知道平衡标准扣 10 分；不会判断抽油机的平衡状况扣 5 分；不会判断平衡块调整方向扣 10 分	
5	填写报表	填写井号，时间，上、下行电流，录取人	10	未填写井号扣 2 分；未填写录取时间扣 2 分；未填写上、下行电流扣 5 分；电流填写错误扣 2 分；未填写录取人扣 2 分	
6	清理场地	清理现场，收拾工具	5	未收拾保养工具扣 2 分；未清理现场扣 3 分；少收一件工具扣 1 分	
7	考核时限	10min，到时停止操作考核			
		合计 100 分			

任务 3 启游梁式抽油机

游梁式抽油机是石油矿场应用最广泛的抽油设备，在油井生产过程中，经常对其进行启停操作。正确启动抽油机可以延长抽油机、电动机、井口设备等使用寿命，保证抽油机井各项工作的顺利进行，是采油工必须掌握的一项基本操作技能。

4.3.1 学习目标

通过学习，使大家掌握启动游梁式抽油机的操作规程，能够正确检查倒通进站和加热炉流程；能够熟练检查抽油机、井口设备和电路系统；能够清理障碍物，正确启动抽油机；能够检查抽油机、加热炉运转情况和井口出油情况；能够熟练使用钳形电流表测电流；能够录取压力、温度、含水资料，正确填写报表；能够辨识违章行为，消除事故隐患；能够提高个人规避风险的能力，避免安全事故发生；能够在发生人身意外伤害时，进行应急处置。

4.3.2 学习任务

本次学习任务包括启机前检查，启动抽油机，检查抽油机运行情况，录取生产资料。

4.3.3 背景知识

4.3.3.1 游梁式抽油机

游梁式抽油机，也称梁式抽油机、游梁式曲柄平衡抽油机，指含有游梁，通过连杆机构换向、曲柄重块平衡的抽油机，俗称磕头机，如图 4-3-1 所示。

游梁式抽油机是有杆抽油设备系统的地面装置。它由动力机、减速器、机架和四连杆机构等部分组成。减速器将动力机的高速旋转运动变为曲柄轴的低速旋转运动。曲柄轴的旋转运动由四连杆机构变为悬绳器的往复运动。悬绳器下面接抽油杆柱，抽油杆柱带动抽油泵柱塞（或活塞）在泵筒内作上下往复直线运动，从而将井筒内的液体举升到地面。

图 4-3-1 游梁式抽油机结构示意图

游梁式抽油机的基本特点是结构简单，制造容易，维修方便，特别是它可以长期在油田全天候运转，使用可靠。因此，尽管它存在驴头悬点运动的加速度较大，平衡效果较差、效率较低，在长冲程时体积较大和笨重等缺点，但仍然是目前应用最广泛的抽油机。

4.3.3.2 电动机

电动机是工业生产中把电能转化成机械能的主要动力设备；采油工作中应用的电动机主要是三相交流异步电动机，如图 4-3-2 所示。它结构简单，运行可靠，维护操作方便。三相异步电动机的技术参数（参见铭牌数据）主要是型号，即电动机的种类和型号，例如 Y280M—6、YQ280—8 等，其中最后一位数代表的是电机级数，"6"级的电机转数是 980r/min，"8"级的电机转数是 740r/min。

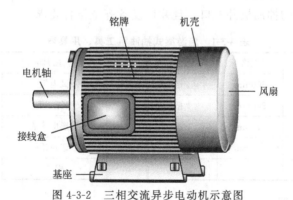

图 4-3-2 三相交流异步电动机示意图

4.3.3.3 电动机启动不起来的故障及处理

(1) 故障原因

① 控制电源开关未合上。

② 保险熔断器熔断。

③ 过载保护动作后，没有及时复位。

④ 启动按钮失灵。

⑤ 电机保护装置线路接错。

（2）处理方法

① 合上控制电源开关。

② 更换保险熔断器。

③ 及时复位过载保护。

④ 检修或更换启动按钮。

⑤ 检查电机保护装置线路。

4.3.3.4 电动机三相电流不平衡的故障及处理

（1）故障原因

① 三相电压不平衡，造成三相电流不平衡。

② 电动机相间或匝间短路，短路相或短路匝间电流加大造成三相电流不平衡。

③ 接线错误，一相反接时，三相间电流不等，而且都比正常值大得多。

④ 起动器接触不良，使电动机线圈局部断路。

（2）处理方法

① 三相电压在规定范围内。

② 电动机相间绝缘在规定范围内。

③ 正确接线。

④ 检修或更换启动器。

4.3.4 任务实施

4.3.4.1 准备工作

① 正确穿戴劳保用品。

② 准备工具、用具见表 4-3-1。

③ 具备启机条件的抽油机井一口，且井口设备齐全符合要求。

表 4-3-1 启游梁式抽油机工具、用具表

序号	工具、用具名称	规格	数量	序号	工具、用具名称	规格	数量
1	管钳	600mm	1把	6	试电笔	500V	1支
2	活动扳手	300mm	1把	7	绝缘手套		1副
3	活动扳手	375mm	1把	8	钳形电流表	500A	1块
4	平口螺丝刀	150mm	1把	9	记录笔		1支
5	黄油		适量	10	棉纱		适量

4.3.4.2 操作过程

（1）启机前检查

① 检查抽油机各连接部位螺丝是否齐全紧固，各润滑部位是否保养到位。

② 检查刹车是否灵活好用，行程在 1/3～2/3 之间，接触面积大于 80%，皮带齐全，"四点一线"松紧合适。

③ 检查驴头无裂痕，驴头销子牢固可靠，悬绳器无断丝、断股，挡板、方卡子螺丝紧固无松动。

④ 戴绝缘手套检查配电箱配件是否齐全，中频、变频仪表是否正常，电动机接头是否完好，各部位螺丝是否紧固。

⑤ 检查加热炉相关配件及安全附件是否齐全完好，倒通加热炉流程，按操作规程点燃加热炉，并调整好炉火。

⑥ 检查井口阀门、压力表、温度计是否齐全完好、符合要求。

⑦ 按要求倒通进站流程，倒好掺油（水）流程，先开后关，严禁憋压，开关阀门时应侧身。

（2）启动抽油机

① 检查清理抽油机周围障碍物，打开刹车锁销。

② 松刹车并用刹车控制曲柄转速，观察曲柄摆动情况，如无摆动，启机时要注意软卡现象。

③ 戴绝缘手套侧身合闸送电，有变频的选择变频档位，用小频率启动，让曲柄向前摆动一个角度停机，利用曲柄平衡块惯性二次启动抽油机。

④ 观察光杆上、下行程情况，发现软卡立即停机采取相应措施，如无软卡现象，待抽油机运转正常后按要求调整抽油机转速。

（3）检查抽油机运行情况

① 检查抽油机皮带松紧是否合适，减速器各部是否连接紧固无异响。

② 检查加热炉进出口温度是否符合要求，炉火燃烧是否正常，安全附件是否灵活好用。

③ 检查井口盘根是否松紧合适，无渗漏，光杆不发热。

④ 采取憋压、试管等措施判断井口出油情况。

（4）录取生产数据

① 戴绝缘手套用钳型电流表测抽油机上、下行峰值电流，计算平衡度。

② 录取井口压力、温度、含水资料，注意新开井回压不能过高。

③ 将温度、含水量、压力、电流、开井时间等数据填入报表。

4.3.5　归纳总结

① 检查皮带时严禁戴手套或手握皮带，预防夹伤手指。

② 检查配电系统前要确认断电，并挂好停用牌，预防发生触电事故。

③ 启动抽油机时应戴绝缘手套侧身操作，启动时，刹车装置必须全部松开，抽油机附近严禁站人，预防发生人员伤害。

④ 严禁逆向启机，如连续启动 3～4 次仍不能启动，应断电检查。

⑤ 启动后应重点检查抽油机光杆有无软卡现象，发现异常立即停机，预防发生设备损坏事故。

⑥ 抽油机运转正常后，观察压力平稳后方可离开，预防发生管线冻堵事故。

⑦ 应急处置：操作时发生人身意外伤害，应立即停止操作，脱离危险源后立即进行救治，如果伤情较重，立即拨打 120 急救电话送医院救治并汇报。

4.3.6　拓展链接

抽油机运行中振动是比较常见的一种故障，但危害较大，应及时发现处理。

（1）抽油机整机振动故障原因

① 底座振动的原因：地基建筑不牢固、底座与基础接触不实有空隙、支架底板与底座接触不实。

② 负载与对中的原因：驴头对中误差大、悬点负荷超载、平衡度不够、井下抽油泵刮卡现象或出砂严重、减速器（箱）齿轮打齿。

（2）抽油机整机振动故障检查方法

① 首先要检查的是活动基础与死基础接触的是否牢固。如果不牢固，当抽油机运行时活动基础跟着抽油机的运动发生晃动，造成抽油机振动。此种故障多发生在死基础下陷、死基础不平的情况下。

② 检查活动基础和底座的连接部分，斜铁、紧固螺丝是否松动。

③ 检查支架的支腿底座与抽油机的底座连接部分，两条前支腿部位是否水平并达到要求，是否有缝隙。后支腿是否有缝隙，接触不牢固。抽油机运转时梯子晃动严重。

④ 驴头不对中，放净油管内压力，打开井口盘根盒检查光杆对中情况，超出规定范围应校正。

⑤ 驴头悬点负荷严重超载。通过测示功图可以得到本机的悬点负荷是否严重超载，此类情况发生在井下更换大泵、加深泵挂或是抽汲参数不合理、冲程大、冲次快，造成了悬点负荷和惯性负荷的增加而整机严重超载。应及时处理，不然可能造成拉断悬绳器、游梁、横梁等事故。

⑥ 平衡度不够，可通过用钳形电流表检测平衡度。平衡度相差较大时，电机上下冲程产生不均匀的噪声，上下冲程速度不一致。

⑦ 井下碰泵，刮卡现象也可造成整机的振动。光杆上、下一个冲程都有一次卸载、增载过程，由于载荷存在动态变化，抽油机摇摆、晃动，产生很大的冲击振动，还可造成其他部件损伤。

⑧ 减速器齿轮打齿或左右旋齿松动。减速器噪声很大、机身振动很大，检查减速器，打开减速器检查孔检查齿轮是否有打齿现象，要逐一检查每个齿。

（3）抽油机整机振动故障处理方法

① 活动基础与底座的连接部位不牢时可重新加满斜铁，重新找水平后，紧固各螺栓，备齐止退螺帽，将斜铁块点焊成一体，以免斜铁脱落。

② 支架与底座有缝隙时可用金属垫片找平，重新紧固。

③ 驴头不对中时应及时调整对中。

④ 严重超载时应及时调小冲程、冲次，或换小泵径或更换大型抽油机。

⑤ 平衡度不合格应及时调整平衡，使平衡度保持在 80%～110%之间。

⑥ 发生碰泵、刮卡现象时，应调整防冲距，将抽油杆调整一个位置，直至不刮卡为止。

⑦ 如减速器齿轮打齿应立即更换。左右旋齿松动应及时更换不然会造成更大的损坏。

4.3.7　思考练习

① 游梁式抽油机启动不起来的原因是什么？如何处理？

② 抽油机启动后振动过大的原因是什么？

4.3.8　考核

4.3.8.1　考核规定

① 如违章操作，将停止考核。

② 考核采用百分制，考核权重：知识点（30%），技能点（70%）。

③ 考核方式：本项目为实际操作考题，考核过程按评分标准及操作过程进行评分。

④ 测量技能说明：本项目主要测试考生对启游梁式抽油机操作掌握的熟练程度。

4.3.8.2 考核时间

① 准备工作：1min（不计入考核时间）。

② 正式操作时间：12min。

③ 在规定时间内完成，到时停止操作。

4.3.8.3 考核记录表

启游梁式抽油机考核记录表见表 4-3-2。

表 4-3-2 启游梁式抽油机考核记录表

序号	考核内容	评分要素	配分	评分标准	备注
1	准备工作	选择工具、用具：劳保着装整齐，300mm 活动扳手 1 把，375mm 活动扳手 1 把，600mm 管钳 1 把，150mm 平口螺丝刀 1 把，试电笔 1 支，绝缘手套 1 副，钳形电流表 1 块，记录笔 1 支，记录纸 1 张，黄油、棉纱适量	5	未正确穿戴劳保不得进行操作，本次考核直接按零分处理；未准备工具、用具及材料扣 5 分；少选一件扣 1 分	
2	启机前检查	检查螺丝是否固定，润滑部位是否润滑保养到位，检查刹车、皮带"四点一线"是否松紧合适，检查驴头、悬绳器、方卡子，检查配电箱、中频、变频、电动机螺丝是否紧固，检查加热炉，倒通流程，按规程点炉火，检查井口阀门、压力表、温度计，倒通进站流程、掺油（水）流程	30	未检查螺丝紧固扣 3 分；未检查润滑扣 3 分；未检查刹车扣 5 分；未检查皮带扣 3 分；未检查驴头扣 3 分；未检查悬绳器扣 3 分；未检查方卡子扣 3 分；未检查配电箱扣 3 分；未检查中、变频扣 3 分；未检查电动机扣 3 分；未检查倒通加热流程扣 3 分；未按规程点火扣 5 分；未调整炉火扣 3 分；未检查井口阀门扣 3 分；未倒通进站流程扣 3 分；倒流程未先开后关扣 5 分；开关阀门未侧身扣 5 分	
3	启动抽油机	清理障碍物，打开刹车锁销，松刹车观察曲柄摆动情况，侧身合闸送电，用小频率启动，利用惯性二次启动，看光杆有无软卡，调整转速	25	未清理障碍物扣 3 分；未打开锁销扣 5 分；未控制曲柄转速扣 3 分；未松刹车启机扣 10 分；有变频未用扣 5 分；未惯性启机扣 3 分；逆向启机扣 5 分；软卡未及时停机扣 5 分；未按要求调整转速扣 3 分	
4	检查抽油机运行情况	检查皮带、减速器各部螺丝，检查加热炉温度、燃烧、安全附件，检查盘根是否松紧合适，憋压、试管，判断出油情况	20	未检查皮带扣 3 分；未检查减速器扣 3 分；未检查螺丝扣 3 分；未检查加热炉温度扣 3 分；未检查燃烧扣 3 分；未检查安全附件扣 3 分；未检查盘根扣 3 分；未检查光杆运行扣 3 分；未憋压、试管扣 5 分；未检查出油情况扣 3 分	
5	录取生产数据	测电流，计算平衡度，录取压力、温度、含水量资料，注意新开井回压不能过高，将开井时间等数据填入报表	15	测电流不戴绝缘手套扣 3 分；测电流不水平居中扣 2 分，不会测电流扣 5 分；不会计算平衡度扣 5 分；未录取压力、温度、含水量每项扣 2 分；不会判断回压过高扣 5 分；未填写报表扣 3 分	
6	清理场地	清理现场，收拾工具	5	未收拾保养工具扣 2 分；未清理现场扣 3 分；少收一件工具扣 1 分	
7	考核时限	12min，到时停止操作考核			
			合计 100 分		

任务 4 停游梁式抽油机

停游梁式抽油机是处理机械故障和正常维护等操作的前提条件，正确停游梁式抽油机可确保下次顺利开机，保证抽油机井各项工作的顺利进行，是采油工必须掌握的一项基本操作技能。

4.4.1 学习目标

通过学习，使大家掌握停游梁式抽油机的操作规程，能够根据不同关井目的，选择不同停井方式；能够检查刹车、井口流程；能够熟练停机断电、刹死刹车、倒流程扫线；能够正确调整加热系统；能够录取资料、填写报表；能够辨识违章行为，消除事故隐患；能够提高个人规避风险的能力，避免安全事故发生；能够在发生人身意外伤害时，进行应急处置。

4.4.2 学习任务

本次学习任务包括停机前检查，停游梁式抽油机，录取资料。

4.4.3 背景知识

4.4.3.1 间歇抽油井

当地层供液能力很差时，若连续抽油会使泵效很低，不仅浪费动力资源而且会损坏抽油设备。为了避免能源和设备的损耗，采用间抽的方法进行采油。

4.4.3.2 间歇抽油井工作制度的确定

(1) 确定方法

间歇抽油井合理的工作制度是指确定油井合理的开、关井时间。目前确定间歇抽油井合理的开、关井时间的方法有以下三种。

① 观察法：首先将井停机一段时间后，开抽生产，观察出油情况，单独量油直到不出油为止，从而计算抽油时间。然后关井数小时后，再开抽至油井不出油为止，多次观察，摸索出较为合理的开、关井时间。

② 示功图法：示功图法是指将油井停机，待液面恢复后再开抽，连续测得示功图，如图 4-4-1 所示。油井开井后，由图 4-4-1(a) 变到 (c) 后，泵的充满程度很低，应停机恢复液面，反复测试确定出合理的开井时间。

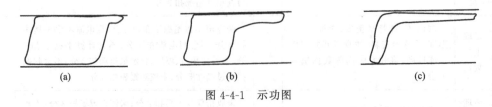

图 4-4-1 示功图

③ 液面法：当油井停机时，用回声仪测动液面，每隔一段时间测一次，求得液面上升资料，作出液面上升曲线，如图 4-4-2 所示。当液面不上升时开始开井生产，生产时液面又会下降，当液面下降到泵充满状况不好时再关井恢复液面，直至找到合适的开关井时间为止。

间歇抽油井的系统试井就是在每一个开、关井周期内系统测量其产量、动液面、充满系数，根据其变化规律，然后确定开、关井时间。图 4-4-3 为开、关井液面变化曲线。

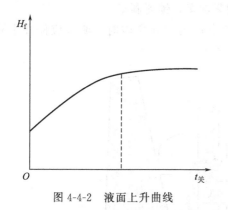

图 4-4-2 液面上升曲线

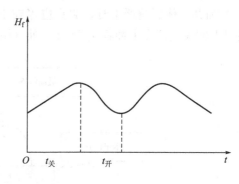

图 4-4-3 开、关井液面变化曲线

（2）确定开、关井时间注意事项

① 间歇抽油井开井时间内所抽出的油量不应低于连续抽油的产量，否则，继续摸索或改为连续抽油。

② 油井出砂严重，改为间歇抽油后易卡泵的井应改为连续抽油。

③ 应妥善管理套管气。气大的井要合理地控制套气，注意放套气时动作要缓慢，防止引起油层激动出砂。

4.4.4 任务实施

4.4.4.1 准备工作

① 正确穿戴劳保用品。

② 准备工具、用具见表 4-4-1。

③ 正常生产抽油机井一口，且井口设备齐全符合要求。

表 4-4-1 停游梁式抽油机工具、用具表

序号	工具、用具名称	规格	数量	序号	工具、用具名称	规格	数量
1	管钳	600mm	1 把	6	绝缘手套		1 副
2	活动扳手	300mm	1 把	7	黄油		适量
3	活动扳手	375mm	1 把	8	棉纱		适量
4	试电笔	500V	1 支	9	记录纸		1 张
5	平口螺丝刀	150mm	1 把	10	记录笔		1 支

4.4.4.2 操作过程

（1）停机前检查

① 了解关井目的，根据现场要求确定关井时间、停井位置。

② 检查井口各阀门开关灵活，无螺丝松动及渗漏现象。

③ 根据停井需要正确倒好井口生产流程。

(2) 停游梁式抽油机

① 正确使用试电笔，确认配电箱无电后戴好绝缘手套操作。

② 当曲柄接近预停位置时，按停止按钮，刹紧刹车，锁死刹车。

③ 当油井气体影响严重时，驴头应停在下死点；当油井含砂时，驴头应停在上死点；一般情况下驴头应停在上冲程 1/2～2/3 处（图 4-4-4）。

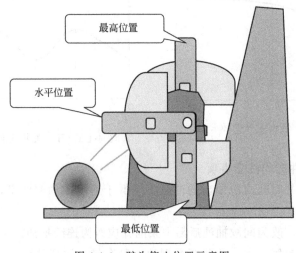

图 4-4-4　驴头停止位置示意图

④ 根据关井时间，长期停井加热炉倒旁通流程，关闭气阀门，冬季须放净炉水；短期停井调小加热炉炉火。

⑤ 冬季长期停井倒好井口流程，用氮气车吹扫管线。

(3) 录取资料

① 记录停井前生产参数和关井后油、套压力。

② 检查井口流程符合关井条件后，挂上停运警示牌。

③ 将停井时间、停井原因、录取的生产数据填入报表。

4.4.5　归纳总结

① 停抽油机时应戴绝缘手套侧身操作，预防触电。

② 根据生产情况将抽油机停在合适位置，刹车、断电，锁死刹车，预防意外。

③ 冬季长时间停井，要放尽加热炉内水，防止发生冻坏设备事故。

④ 扫线前要确认流程开关正确，预防憋压伤人。

⑤ 应急处置：操作时发生人身意外伤害，应立即停止操作，脱离危险源后立即进行救治，如果伤情较重，立即拨打 120 急救电话送医院救治并汇报。

4.4.6　拓展链接

抽油机井停机关井后，动态的平衡过程被打破，井下液面和压力都会发生变化。

(1) 静液面

抽油井关井后，油套管环形空间中液面逐渐上升到一定位置，并且稳定下来，这时的液面叫作静液面。

（2）静止压力的作用

在油田开发过程中，静压是衡量地层能量的标志。静压的变化与注入和采出的油、气、水体积的大小有关。如果采出体积大于注入体积，油层产生亏空，一般情况下，静压就会比原始地层压力低。为了及时掌握地下动态，油井需要定期测静压。

（3）压力恢复

由于油层内流体和油层岩石具有弹性，当油井工作制度改变时，油层压力就会重新分布，逐渐地恢复到相对的平衡状态，压力恢复速度的快慢与油层性质、流体性质有关，油层性质越好，压力恢复速度越快，油井关井后，井底压力随时间变化的关系曲线，称压力恢复曲线。可以应用压力恢复曲线研究油田开采中的许多问题，如用有限的关井时间求地层压力、确定油层参数、研究油井完善程度、研究断层位置等。压力恢复曲线是研究油井、油田动态的重要手段。

4.4.7　思考练习

① 如何确定间歇抽油井的合理开、关井时间？
② 静止压力有什么作用？

4.4.8　考核

4.4.8.1　考核规定

① 如违章操作，将停止考核。
② 考核采用百分制，考核权重：知识点（30%），技能点（70%）。
③ 考核方式：本项目为实际操作考题，考核过程按评分标准及操作过程进行评分。
④ 测量技能说明：本项目主要测试考生对停游梁式抽油机操作掌握的熟练程度。

4.4.8.2　考核时间

① 准备工作：1min（不计入考核时间）。
② 正式操作时间：10min。
③ 在规定时间内完成，到时停止操作。

4.4.8.3　考核记录表

停游梁式抽油机考核记录表见表 4-4-2。

表 4-4-2　停游梁式抽油机考核记录表

序号	考核内容	评分要素	配分	评分标准	备注
1	准备工作	选择工具、用具：劳保着装整齐，300mm 活动扳手 1 把，375mm 活动扳手 1 把，600mm 管钳 1 把，试电笔 1 支，绝缘手套 1 副，记录笔 1 支，记录纸 1 张，黄油、棉纱适量	5	未正确穿戴劳保不得进行操作，本次考核直接按零分处理；未准备工具、用具及材料扣 5 分；少选一件扣 1 分	
2	停机前检查	了解关井目的，确定关井时间、停井位置，检查刹车是否灵活好用，检查井口阀门，根据停井需要正确倒好井口生产流程	30	不了解关井目的扣 3 分；未掌握长、短期关井区别扣 3 分；不了解停井位置扣 5 分；未检查刹车扣 5 分；不会检查刹车扣 10 分；未检查阀门扣 5 分；不了解井口掺油（水）方式扣 3 分；不会倒掺油（水）流程扣 5 分	

续表

序号	考核内容	评分要素	配分	评分标准	备注
3	停游梁式抽油机	试电,戴绝缘手套停机;刹车,锁死刹车;气大停下死点,含砂停上死点,一般停上冲程1/2~2/3处;加热炉倒旁通,关气阀门,冬季放水,短期停井调小炉火,长期停井扫线	40	不会使用试电笔扣3分;不戴绝缘手套接触配电箱扣5分;断电不侧身扣3分;不会根据井况确定停机位置扣10分;刹车不到位扣3分;不锁死刹车扣5分;开关阀门不侧身扣3分;长期停井不倒加热炉流程扣5分;未关气阀门扣3分;冬季未放炉水扣10分;短期关井未调小炉火扣3分	
4	录取资料	记录停井前生产参数和关井后油、套压力,检查井口流程,挂上停运警示牌,将停井时间、停井原因、录取的生产数据填入报表	20	未记录停井前生产参数扣5分;未记录油、套压扣5分;记录错误扣5分;未检查井口流程扣5分;未挂警示牌扣5分;未正确填写报表一处扣2分	
5	清理场地	清理现场,收拾工具	5	未收拾保养工具扣2分;未清理现场扣3分;少收一件工具扣1分	
6	考核时限	10min,到时停止操作考核			

合计 100 分

任务 5　抽油机井巡回检查

抽油机井长期在野外环境条件下工作,由于受外部条件和油井生产条件变化以及抽油设备在运转过程中振动、摩擦等因素的影响,造成部件的老化、腐蚀、松动、脱落、损坏等现象的发生,影响设备的正常运行,甚至导致严重的机械或躺井事故。为此,采油工必须定期按各检查点逐项进行巡回检查,一旦发现抽油机设备存在问题,应及时采取相应措施,保证抽油设备正常运行。抽油机井巡回检查是采油工必须掌握的一项基本操作技能。

4.5.1　学习目标

通过学习,使员工掌握抽油机井巡回检查的标准及操作规程;能够熟练检查井口盘根;能够正确检查井口流程;能够进行井口含水、出油情况检查;能够熟练检查各部螺丝紧固;能够对各部润滑情况进行检查;能够对电器设备进行检查;能够熟练检查调整炉火;检查进出口温度;能够完成对安全附件的检查;能够录取资料并填写报表;能够辨识违章行为,消除事故隐患;能够提高个人规避风险的能力,避免安全事故发生;能够在发生人身意外伤害时,进行应急处置。

4.5.2　学习任务

本次学习任务包括检查井口,检查抽油机,检查加热炉,录取资料。

4.5.3　背景知识

4.5.3.1　抽油机的工作原理

抽油机工作原理是指抽油机井采油过程中的地面抽油机和井下的深井泵通过采用机杆连接为一个整体的工作原理。而地面抽油设备——抽油机的工作原理（其自身本质只是机械运动）、井下深井泵的工作原理都不能单一地代替抽油机井的工作原理。抽油机井工作原理是：抽油机把电动机供给的机械能，经减速器及曲柄-连杆-游梁-驴头（四连杆）机构将高速旋转的机械能变为抽油机驴头低速往复运动的力，再通过抽油杆把力传递给深井泵（抽油泵），使其随同驴头的上下往复做抽吸运动，进而不断地把井筒液举升到地面。它是抽油机井采油原理中举升动力的细节描述。

4.5.3.2　抽油机主要部件作用

(1) 底座

它是担负起抽油机全部重量的唯一基础。下部与水泥混凝土基础由螺丝连接成一体，上部与支架、减速器连接成一体，由型钢焊接而成，是抽油机机身的基础部分。

(2) 支架

它是游梁的可靠支柱。支架由型钢焊成，特轻型的可以用一根圆管作支架。支架常用两种结构，即三条腿和四条腿。三条腿的支架前腿和后腿用螺栓连接，可以分开，便于运输。四条腿的支架前腿与后腿不能分开。支架具有足够的强度和刚性，可以保证长期可靠的工作。支架的作用一是支撑游梁，二是作为阶梯。

(3) 游梁

游梁固定在支架上，前端安装驴头承受井下负荷，后端连接横梁、连杆、曲柄、减速器，传递动力机的动力，同时和曲柄、连杆总成构成四连杆机构，将减速器输出轴的旋转运动变成驴头的往复运动。

(4) 驴头

驴头保证抽油时光杆始终对准井口中心位置。为此驴头工作时是以游梁支点轴承为圆心，以轴承到驴头前端长半径画圆弧，这样在保证抽油机工作时，头部中心点投影与井眼中心重合。

驴头与游梁的连接方式有三种：悬挂式连接、穿销式连接、螺丝连接。作业时移开井口的方式也有三种：拆卸式、侧转式、上翻式。

(5) 减速器

减速器把电动机的高速转动通过三级齿轮减速变为抽油机曲柄的低速转动，同时支撑曲柄平衡块。减速器的形式很多，现场多采用三轴两级减速。其结构按输出动力的方式不同可分为单组齿轮和双组齿轮两种；按齿型不同可分为斜型齿轮和人字型齿轮。

(6) 电机

电机是动力的来源，一般采用感应式三相交流电动机。它固定在电机座上，由皮带传送动力至减速器大皮带轮，前后对角上有两条顶丝可调节皮带的松紧度。

(7) 刹车装置

刹车装置也叫制动器，它是由手柄、刹车中间座、拉杆、锁死弹簧、刹车轮、刹车片等部件组成。刹车片与刹车轮接触时发生摩擦而起到制动作用，所以也叫制动器。

游梁式抽油机井结构见图 4-5-1。

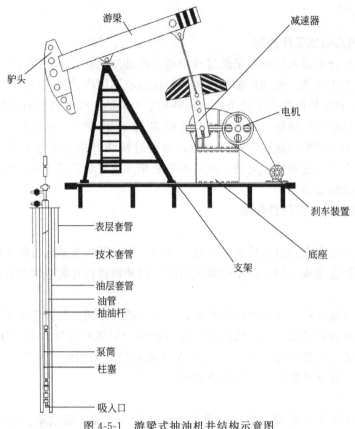

图 4-5-1　游梁式抽油机井结构示意图

4.5.4　任务实施

4.5.4.1　准备工作

① 正确穿戴劳保用品。

② 准备工具、用具见表 4-5-1。

③ 正常生产抽油机井一口，且井口设备齐全符合要求。

表 4-5-1　抽油机井巡回检查工具、用具表

序号	工具、用具名称	规格	数量	序号	工具、用具名称	规格	数量
1	管钳	600mm	1 把	6	试电笔	500V	1 支
2	活动扳手	300mm	1 把	7	记录笔		1 支
3	活动扳手	375mm	1 把	8	巡井本		1 本
4	钳形电流表	500A	1 块	9	黄油		适量
5	绝缘手套		1 副	10	棉纱		适量

4.5.4.2　操作过程

（1）检查井口

① 检查调整盘根盒松紧程度，光杆不发热、井口盘根不带油为正常。

② 检查井口流程是否正确，回压、温度是否在标准内。

③ 按油井取样运行操作，取样观察井口含水。

④ 憋压判断油井出油是否正常。

(2) 检查抽油机

① 检查驴头销子、悬绳器、方卡子是否正常，毛辫子是否有断股，驴头是否有开裂。

② 检查紧固底座压杠固定螺丝、平衡块固定螺丝、减速器固定螺丝、中尾轴固定螺丝、电机固定螺丝、刹车连杆及固定螺丝是否正常。

③ 检查曲柄销子和平衡块安全线是否移位，有无异常响声。

④ 检查中轴、尾轴、曲柄销子、连杆销子、减速器、电机是否缺油，有无异常响声。

⑤ 检查电机外壳温度是否过高，声音是否正常。

⑥ 检查抽油机皮带是否"四点一线"，有无松、缺现象。

⑦ 用钳形电流表检测抽油机上、下行峰值电流，判断抽油机平衡情况。

(3) 检查加热炉

① 检查加热炉水位、压力、安全阀是否正常。

② 检查加热炉进出口温度，调整火量。

(4) 录取资料

① 录取温度，压力，含水，憋压，电机上、下行电流等资料，将有关资料填入报表。

② 清理现场，将工具擦拭干净，保养存放。

4.5.5 归纳总结

① 雨天巡检要穿戴好雨衣，保证绝缘手套内部不进水，防止触电。

② 启停机、开关配电箱门时必须戴绝缘手套，防止触电。

③ 抽油机未停稳或刹车未刹死，严禁进入抽油机内部检查，防止人员碰伤。

④ 要按巡检路线走，杜绝走近路穿越沟渠及障碍。

⑤ 有作业施工现场的平台井要远离作业操作区域，防止交叉作业造成人员受伤。

⑥ 应急处置：操作时发生人身意外伤害，应立即停止操作，脱离危险源后立即进行救治，如果伤情较重，立即拨打 120 急救电话送医院救治并汇报。

4.5.6 拓展链接

抽油机平衡检查方法主要有三种：观察法、测时法、测电流法。

① 观察法。听：听抽油机运转时电动机运转声音，如电动机声音平稳，说明抽油机平衡；若上、下冲程过程中电动机发出异响，则说明抽油机不平衡。看：在抽油机运转过程中的任一时间停机，观察曲柄和驴头位置，若停机后驴头迅速向下位于下死点，曲柄位于上死点，说明井下负荷重，需调大曲柄平衡半径；若停机后曲柄迅速向下摆动，驴头处于上死点，说明平衡块平衡半径过大，应调小平衡半径。

② 测时法（异向型抽油机不适用此法）。准确测得上、下冲程时间，若上、下冲程时间相等，则说明抽油机平衡；若上冲程快，下冲程慢，该机平衡偏重应调小曲柄块平衡半径；若上冲程慢，下冲程快，该机平衡偏轻应调大曲柄块平衡半径。

③ 测电流法。抽油机运转过程中，上、下冲程所测电流比值 $I_下/I_上$ 在 $80\%\sim110\%$ 之间，则抽油机平衡；若上冲程所测电流大，下冲程所测电流小，说明井下负荷大，需加大平

衡块半径；若上冲程所测电流小，下冲程所测电流大，说明平衡偏重，应调小曲柄块平衡半径。

4.5.7 思考练习

① 抽油机平衡块安全线移位说明什么？有何种现象？

② 抽油机驴头连接方式有几种？现场作业时移开驴头的方式有几种？

4.5.8 考核

4.5.8.1 考核规定

① 如违章操作，将停止考核。

② 考核采用百分制，考核权重：知识点（30%），技能点（70%）。

③ 考核方式：本项目为实际操作考题，考核过程按评分标准及操作过程进行评分。

④ 测量技能说明：本项目主要测试考生对抽油机井巡回检查操作掌握的熟练程度。

4.5.8.2 考核时间

① 准备工作：1min（不计入考核时间）。

② 正式操作时间：10min。

③ 在规定时间内完成，到时停止操作。

4.5.8.3 考核记录表

抽油机井巡回检查考核记录表见表 4-5-2。

表 4-5-2 抽油机井巡回检查考核记录表

序号	考核内容	评分要素	配分	评分标准	备注
1	准备工作	选择工具、用具；劳保着装整齐，300mm活动扳手1把，375mm活动扳手1把，600mm管钳1把，试电笔1支，绝缘手套1副，钳形电流表1块，记录笔1支，巡检本1本，棉纱适量	5	未正确穿戴劳保不得进行操作，本次考核直接按零分处理；未准备工具、用具及材料扣5分；少选一件扣1分	
2	检查井口	检查调整盘根盒是否松紧，光杆是否发热，井口是否带油；检查井口流程、回压、温度是否在标准内；取样并观察井口含水情况；憋压判断油井出油是否正常	25	未调整或不会调整盘根松紧度各扣5分；不会检查或未检查井口流程各扣5分；不判断回压、温度是否在标准内各扣3分；不观察井口含水扣5分；不判断或不会判断油井生产状况各扣5分	
3	检查抽油机	检查驴头销子、悬绳器、方卡子、毛辫子、驴头；检查压杠、平衡块、减速器、中尾轴、电机、刹车等螺丝紧固；检查曲柄销子、平衡块安全线是否移位，有无异声；检查中轴、尾轴、曲柄、连杆销子、减速器、电机润滑，有无异声；检查电机外壳温度，皮带是否"四点一线"，有无松、缺现象；检测抽油机电流，判断平衡情况	40	未检查驴头销子、悬绳器、方卡子、毛辫子、驴头是否正常扣5分；少检查一项扣2分；未检查压杠、平衡块、减速器、中尾轴、电机、刹车等固定螺丝是否松动扣5分；少检查一项扣2分；未检查或不会检查曲柄销子和平衡块安全线是否移位扣5分；未检查中轴、尾轴、曲柄、连杆销子、减速器、电机是否缺油，有无异声扣5分；少检查一项扣2分；未检查电机外壳温度是否过高扣5分；未检查抽油机皮带是否"四点一线"，有无松、缺现象扣5分；未检测抽油机电流扣5分；不会判断抽油机平衡情况扣5分	

续表

序号	考核内容	评 分 要 素	配分	评 分 标 准	备注
4	检查加热炉	检查水套炉水位、炉压、安全阀是否正常,检查进出口温度,按温度标准调整火量	15	未检查水套炉水位扣 5 分;未检查炉压、安全阀是否正常扣 5 分;未检查进出口温度扣 5 分;未按温度标准调整火量扣 3 分	
5	录取资料	录取温度,压力,含水,憋压,电机上、下行电流等资料,将有关资料填入报表	10	不录取温度,压力,含水,憋压,电机上、下行电流等资料此项不得分;少录取一项扣 2 分;不填写报表扣 5 分;填错一处扣 1 分	
6	清理场地	清理现场,收拾工具	5	未收拾保养工具扣 2 分;未清理现场扣 3 分;少收一件工具扣 1 分	
7	考核时限	10min,到时停止操作考核			

合计 100 分

任务 6　抽油机一级保养

抽油机长期处于野外连续运转情况下,容易造成螺丝松动、腐蚀,润滑油变质,刹车片磨损等,定期保养抽油机可以及时发现并处理抽油机存在问题,保证其在最安全条件下连续运行,提高油井生产时率,是确保抽油机安全运行的基本工作,也是采油工必须掌握的一项基本操作技能。

4.6.1　学习目标

通过学习,使大家掌握抽油机一级保养的作用及操作规程,能够正确检查抽油机基础、减速器、驴头、悬绳器及生产流程;能够熟练测抽油机电流,选择停机位置;能够对刹车、皮带进行调整;能够熟练紧固各部螺丝;能够清洗刹车片和呼吸阀;能够正确处理腐蚀部位;能够熟练补加润滑油;能够正确录取资料填写报表;能够辨识违章行为,消除事故隐患;能够提高个人规避风险的能力,避免安全事故发生;能够在发生人身意外伤害时,进行应急处置。

4.6.2　学习任务

本次学习任务包括检查抽油机井,紧固调整,清洗,防腐润滑,录取资料。

4.6.3　背景知识

4.6.3.1　黄油枪及其作用

黄油枪是一种给机械设备加注润滑脂的手动工具,如图 4-6-1 所示。它可以选装铁枪杆(铁枪头)或软管(平枪头)加油嘴,对加油位置方便、处于空间宽敞的地方可用铁枪杆(铁枪头);对加油位置隐蔽,拐弯抹角的地方就必须用软管(平枪头)。黄油枪具有操作简单,携带方便,使用范围广等诸多优点,是维修保养的必备工具。

图 4-6-1　黄油枪结构示意图

4.6.3.2　游梁式抽油机润滑部位

游梁式抽油机润滑部位见图 4-6-2。

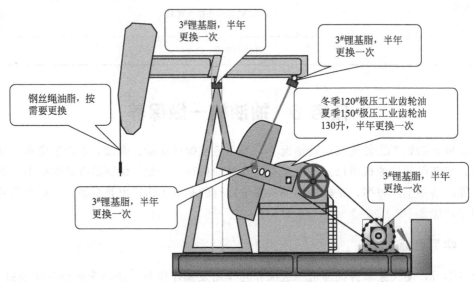

图 4-6-2　游梁式抽油机润滑部位示意图

4.6.3.3　安全带作用及分类

高空作业安全带是防止高处作业人员发生坠落或发生坠落后将作业人员安全悬挂的个体防护装备，又称全方位安全带。高空作业安全带一般采用丙纶带加工而成，由带子、绳子和金属配件组成。按照使用条件的不同，高空作业安全带可以分为以下三类。

① 围杆作业安全带，通过围绕在固定构造物上的绳或带，将人体绑定在固定的构造物附近，使作业人员的双手可以进行其他操作的安全带。

② 区域限制安全带，用以限制作业人员的活动范围，避免其到达可能发生坠落区域的安全带。

③ 坠落悬挂安全带，高处作业或登高人员发生坠落时，将人员悬挂起来的安全带。

安全带的穿戴步骤分为四步：连接系带与安全绳，系胸带，系腰带，系腿带。

4.6.4　任务实施

4.6.4.1　准备工作

① 正确穿戴劳保用品。

② 准备工具、用具见表 4-6-1。

③ 正常生产的游梁式抽油机井一口，且设备齐全符合要求。

表 4-6-1　抽油机一级保养工具、用具表

序号	工具、用具名称	规格	数量	序号	工具、用具名称	规格	数量
1	管钳	600mm	1把	15	呆扳手	45mm	1把
2	活动扳手	300mm	1把	16	呆扳手	55mm	1把
3	活动扳手	375mm	1把	17	大锤	8kg	1把
4	活动扳手	450mm	1把	18	手锤	0.75kg	1把
5	黄油枪	手动式	1把	19	毛刷		1把
6	克丝钳	300mm	1台	20	绝缘手套		1副
7	平口螺丝刀	150mm	1把	21	清洗桶		1个
8	试电笔	500V	1支	22	吊线锤		1个
9	砂纸	100#	2张	23	机油壶		1个
10	工程线	5m	1根	24	黄油		适量
11	钢板尺	300mm	1把	25	清洗油		适量
12	安全带		2副	26	棉纱		适量
13	钢丝刷		1把	27	记录本		1本
14	呆扳手	36mm	1把	28	记录笔		1支

4.6.4.2　操作过程

(1) 检查调整

① 测抽油机上、下行峰值电流，判断抽油机平衡情况。

② 将抽油机停在便于操作位置，切断电源，调小炉火。

③ 调整刹车行程、刹车片张合度，使刹车把在刹车行程的 1/3～2/3 之间，完全松刹车把，刹车片全部离开刹车轮。

④ 调整抽油机皮带"四点一线"，松紧适度。

⑤ 检查死基础有无下沉，活动基础有无开裂。

⑥ 检查井口流程阀门是否完全打开，有无手轮缺损、渗漏情况。

⑦ 检查毛辫子钢丝绳有无断股、拔脱现象，悬绳器挡板销钉是否齐全完好。

⑧ 检查驴头与井口中心是否对正，有无开焊，驴头销子有无退出现象。

⑨ 检查减速器齿轮啮合情况，齿轮油是否缺失、变质。

⑩ 由电工检查电器设备是否绝缘良好，螺丝有无松动，接地是否完好。

(2) 清洗

① 卸掉减速器呼吸阀盖进行清洗，保证呼吸阀畅通。

② 清洗抽油机刹车片油污，污染严重的更换刹车蹄片。

(3) 紧固

检查紧固减速器、压杠、支架底座、中尾轴承、平衡块、电机底座、滑轨等部位固定螺丝，检查安全线有无错位，电机、中轴顶丝有无缺损，并顶紧。

(4) 防腐润滑

① 清除抽油机外部油污、泥土，对锈蚀部分除锈、刷漆防腐，旋转部位的警示标语要

清楚醒目。

② 对抽油机毛辫子浇机油防腐。

③ 对中轴、尾轴、曲柄销子、连杆销子、刹车座等处加注黄油，对减速器缺油部位进行补加，变质部位进行更换。

④ 检查清理抽油机周围障碍物；松刹车，送电，按启机规程启机，调大水套炉火。

(5) 录取资料

① 检查运转正常后，录取油井压力、温度、含水量、憋压等资料，填写保养记录。

② 收拾工用具，清理操作现场，将有关数据填入报表。

4.6.5　归纳总结

① 抽油机运转 720h，进行一级保养作业。

② 曲柄销子注黄油时，可将轴承盖卸下，直接加注黄油。

③ 有水套炉保温的井作业前应注意关小炉火，作业完后开大炉火。

④ 高空作业时必须系安全带。

⑤ 停机后一定要侧身拉下断路器开关。

⑥ 电路检查必须由电工负责，检查保养时，必须有监护人。

⑦ 应急处置：操作时发生人身意外伤害，应立即停止操作，脱离危险源后立即进行救治，如果伤情较重，立即拨打 120 急救电话送医院救治并汇报。

4.6.6　拓展链接

对抽油机进行润滑保养时，应严格执行润滑保养的有关规定，选择合适的润滑油脂及专用工具，按照要求逐项进行保养。

① 根据抽油机所使用地区和季节选择能充分满足抽油机润滑条件又经济的润滑油品。

② 润滑油必须是合格产品，不得含有影响润滑质量的杂质及水份。

③ 加注润滑油品时，必须使用专用工具，保证润滑油品加注的清洁条件。

④ 加注润滑油品时，必须遵循先清洗，达到清洁标准后再加注的清洁条件。

⑤ 加注完润滑油品后，必须清理工作环境，不准乱扔乱放废弃的润滑油品及其他杂物。

4.6.7　思考练习

① 游梁式抽油机主要润滑部位有哪些，具体润滑要求是什么？

② 游梁式抽油机一级保养时主要对哪些部位进行紧固调整？

4.6.8　考核

4.6.8.1　考核规定

① 如违章操作，将停止考核。

② 考核采用百分制，考核权重：知识点（30%），技能点（70%）。

③ 考核方式：本项目为实际操作考题，考核过程按评分标准及操作过程进行评分。

④ 测量技能说明：本项目主要测试考生对抽油机一级保养操作掌握的熟练程度。

4.6.8.2　考核时间

① 准备工作：3min（不计入考核时间）。

② 正式操作时间：30min（含口述内容）。

③ 在规定时间内完成，到时停止操作。

4.6.8.3 考核记录表

抽油机一级保养考核记录表见表4-6-2。

表 4-6-2 抽油机一级保养考核记录表

序号	考核内容	评分要素	配分	评 分 标 准	备注
1	准备工作	选择工具、用具：劳保着装整齐，600mm管钳1把，300mm、375mm、450mm活动扳手各1把，黄油枪1把，克丝钳1把，150mm平口螺丝刀1把，试电笔1支，砂纸2张，工程线5m，钢板尺1把，安全带2副，钢丝刷1把，36mm、45mm、55mm呆扳手1把，0.75kg手锤1把，8kg大锤1把，毛刷1把，绝缘手套1副，清洗桶1个，吊线锤1个，机油壶1个，记录本1本，记录笔1支，黄油、清洗油、棉纱适量	5	未正确穿戴劳保不得进行操作，本次考核直接按零分处理；未准备工具、用具及材料扣5分；少选一件扣1分	
2	检查调整	测电流，判断平衡；停机断电，调小炉火；调整刹车行程、刹车片张合度；调整皮带"四点一线"；检查基础；检查井口流程；检查毛辫子、钢丝绳、悬绳器、挡板、销钉；检查井口中心是否对正，驴头有无开焊，销子有无退出；检查电器设备；检查减速器齿轮、齿轮油	25	未测电流扣5分；不会判断平衡扣5分；停机不刹车扣3分；不断电扣5分；未调整刹车行程扣5分；未调整刹车片张合度扣5分；未调整抽油机皮带"四点一线"扣5分；未检查基础扣5分；未检查井口流程扣2分；未检查毛辫子有无断股、拔脱现象扣5分；未检查挡板、销钉扣3分；未检查驴头与井口中心对正扣5分；未检查驴头开焊扣5分；未检查销子退出扣3分；未检查电器设备扣5分；未检查减速器齿轮扣3分；未检查齿轮油扣3分；不知检查部位每项扣2分	
3	清洗	清洗减速器呼吸阀，清洗抽油机刹车片油污，污染严重的更换刹车蹄片	25	未清洗减速器呼吸阀扣5分；未清洗抽油机刹车片油污扣5分；不会更换刹车蹄片扣5分	
4	紧固	检查紧固减速器、压杠、支架底座、中尾轴承、平衡块、电机底座、滑轨螺丝，检查安全线，检查电机、中轴顶丝	10	检查紧固减速器、压杠、支架底座、中尾轴承、平衡块、电机底座、滑轨螺丝，每少一处扣2分；未检查安全线是否错位扣5分；未检查电机、中轴顶丝是否到位扣5分	
5	防腐润滑	清除抽油机油污，对锈蚀部分防腐；对毛辫子浇机油防腐；对中轴、尾轴、曲柄销子、连杆销子、刹车座、减速器加注润滑油；清理障碍物，松刹车，送电，启机，调大水套炉火	25	未清除抽油机外部油污、泥土扣3分；未对锈蚀部分防腐扣5分；未对抽油机毛辫子浇机油防腐扣5分；对中轴、尾轴、曲柄销子、连杆销子、刹车座、减速器加注润滑油，每少一处扣3分；未清理障碍物扣2分；不松刹车扣5分；违反启机操作扣5分；未调大炉火扣2分	
6	录取资料	检查运转，录取油井压力、温度、含水量、憋压等资料，填写保养记录	10	未检查运转情况扣2分；未录取压力、温度、含水量、憋压资料，每项扣2分；不填写保养记录扣2分；不填写报表扣5分；填错一项扣1分	
7	清理场地	清理现场，收拾工具	5	未收拾保养工具扣2分；未清理现场扣3分；少收一件工具扣1分	
8	考核时限	30min，到时停止操作考核			
		合计100分			

任务 7　更换抽油机刹车蹄片

抽油机刹车是抽油机的制动装置，在生产过程中，抽油机刹车蹄片经过不断地张合和磨损而产生损坏，造成刹车失灵，影响抽油机井维护管理工作的正常进行，严重时还会造成机械伤害或人身伤害事故。经常检查调整刹车装置，将磨损或破裂的刹车蹄片及时进行更换是抽油机维护保养的一项重要内容，也是采油工必须掌握的一项基本操作技能。

4.7.1　学习目标

通过学习，使大家掌握抽油机更换刹车蹄片的作用及操作规程，正确使用更换抽油机刹车蹄片操作所用试电笔、绝缘手套、克丝钳等工具；能够熟练操作配电箱、刹车，正确启停抽油机；能够正确使用活动扳手卸松刹车，调节螺丝和刹车蹄轴；能够取出旧刹车蹄片并装好新刹车蹄片；能够调整刹车片的张合度和刹车行程；能够正确选择不同位置停机，进行更换刹车效果检验；能够辨识违章行为，消除事故隐患；能够提高个人规避风险的能力，避免安全事故发生；能够在发生人身意外伤害时，进行应急处置。

4.7.2　学习任务

本次学习任务包括抽油机井停机，卸旧刹车蹄片，换装新刹车蹄片，启动抽油机，在不同位置停机检验更换刹车片效果。

4.7.3　背景知识

4.7.3.1　刹车装置类型

抽油机刹车装置根据其工作方式可分为外抱式刹车和内胀式刹车。

（1）内胀式刹车装置

如图 4-7-1(a) 所示，内胀式刹车装置由刹车轮、制动蹄、凸轮轴、刹车臂、保险挂钩等组成，其安全保险装置为挂钩锁紧式，多用于重型机械中。挂钩锁紧式安全保险装置无论是在抽油机正常状态下还是在严重不平衡状态下，均表现出良好的安全保险性能，其可靠性非常显著，在各种机型中被广泛应用。

（2）外抱式刹车装置

如图 4-7-1(b) 所示，外抱式刹车装置由刹车瓦、刹车轮、定位轴刹杆、死刹杆、连块等组成，其安全保险装置为死刹锁紧式。外抱式刹车装置的特点是防风沙性能较好，但防油性能较差。这种刹车装置结构简单，安装调试、维护保养方便，刹车效果一般，大多在中、小型抽油机中使用。

4.7.3.2　刹车调节

（1）外抱式刹车调节

① 停机，使驴头停在接近上死点位置，切断电源，在井口盘根盒上打好方卡子。

② 松开调节螺杆正、反螺母。

③ 调刹车间隙，两螺杆靠近则刹车间隙变小，反之间隙变大。

④ 拧紧正、反螺母。

⑤ 松开手柄试刹车，松开时刹车片与刹车毂全部离开，当刹紧全程 2/3 时，刹车片全

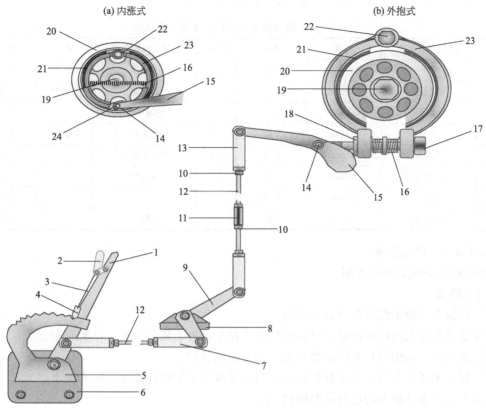

图 4-7-1 抽油机刹车装置示意图

1—刹车把；2—锁死弹簧把；3—弹簧拉杆；4—锁死牙块；5—刹车座；6—刹车固定座；

7—拉杆头 ；8—刹车中间座；9—刹车座摇臂；10—滑兰螺丝背帽；11—滑兰螺丝；

12—（纵、横）拉杆；13—拉杆头；14—摇臂销；15—刹车摇臂；16—弹簧；

17—刹车拉销；18—刹车蹄扶正圈；19—刹车固定螺丝；20—刹车轮；

21—刹车片；22—刹车蹄中心轴；23—刹车蹄；24—凸轮

部抱紧，并保证刹车片接触面积在 80% 以上。

⑥ 卸掉盘根盒上方卡子，启机试刹车，最松时不刮、不磨，刹车时灵活可靠。

（2）内胀式刹车调节

① 停机，使驴头停在接近上死点位置，切断电源，在井口盘根盒上打好方卡子。

② 推拉刹车把试刹车。

③ 调节拉杆长度，调节拉杆正反调节螺母。

④ 调胀刹车间隙，胀刹凸轮必须保持具有充分的转动角度，并与刹把行程角匹配。

⑤ 推、拉刹车把试刹车。松开时刹车片全部离开刹车轮，刹把拉回全程的 2/3 时，刹车片全部胀紧刹车。

⑥ 卸掉盘根盒上方卡子，启机试刹车，松开时不刮、不磨，刹车时灵活可靠。

4.7.4 任务实施

4.7.4.1 准备工作

① 正确穿戴劳保用品。

② 准备工具、用具见表 4-7-1。

③ 正常生产抽油机井一口，且井口设备齐全符合要求。

表 4-7-1　更换抽油机刹车蹄片工具、用具表

序号	工具、用具名称	规格	数量	序号	工具、用具名称	规格	数量
1	管钳	600mm	1把	9	方卡子		1副
2	活动扳手	375mm	1把	10	试电笔	500V	1支
3	活动扳手	450mm	1把	11	绝缘手套		1副
4	手锤	0.75kg	1把	12	钢卷尺	2m	1把
5	克丝钳	200mm	1把	13	新刹车蹄片		1套
6	平口螺丝刀	150mm	1把	14	钢丝刷		1把
7	撬杠	500mm	1根	15	绵纱		适量
8	中平锉	250mm	1把	16	黄油		适量

4.7.4.2　操作过程

本操作以外抱式刹车为例。

(1) 停机

① 用试电笔检测配电箱门是否带电。

② 戴绝缘手套按停止按钮，将抽油机驴头停在接近上死点位置，拉紧刹车。

③ 戴绝缘手套侧身拉下断路器开关，关好配电箱门。

④ 将方卡子卡牙朝上坐在盘根盒上，用活动扳手上紧拉杆螺丝，松开刹车。

⑤ 有井口加热设备的进行降温调整。

(2) 卸旧刹车蹄片

① 卸松刹车销上的调节螺丝背帽及螺母，使刹车蹄片与刹车轮分离到最大位置。

② 用克丝钳拔掉刹车摇臂与刹车拉杆接头穿销孔上的开口销子，取下刹车拉杆接头穿销，取下拉杆靠在减速器上。

③ 用活动扳手卸掉刹车蹄轴，取下旧刹车蹄片，从刹车总成中取下刹车蹄轴，清理刹车蹄轴并涂抹黄油防锈。

(3) 换装新刹车蹄片

① 将刹车蹄轴安装到新刹车蹄片上，上到刹车轮上摆正，用活动扳手拧紧刹车蹄轴。

② 将调节螺丝涂抹黄油对正两刹车蹄片，穿好弹簧，装好调节螺母及背帽。

③ 将刹车摇臂向上旋转180°，连接刹车拉杆，把刹车拉杆连头插入摇臂小头，插上穿销，装好开口销。

④ 拉刹车，用钢卷尺测量刹车片与刹车轮之间的距离（张合度），紧固调节螺母至合适位置，使张合度两边距离误差小于2mm，上紧背帽。

⑤ 拉刹车把，调节横拉杆，使刹车把在刹车行程的 $1/3 \sim 2/3$ 之间，完全松刹车把，刹车片全部离开刹车轮。

(4) 检查更换刹车蹄片效果

① 卸掉坐在盘根盒上的方卡子，锉净毛刺。

② 检查抽油机周围有无障碍物，戴绝缘手套打开箱门，合上断路器开关送电。

③ 戴绝缘手套按启动按钮，曲柄向前摆动一个角度后停机，待曲柄摆动方向与抽油机运转方向一致时利用惯性二次启动抽油机。

④ 选择曲柄三个不同位置停机，拉紧刹车，曲柄无滑动现象。

⑤ 将加热设备调整到正常运行状态。

⑥ 清理现场，将工具擦拭干净，保养存放，将有关资料填入报表。

4.7.5　归纳总结

① 启停机正确使用试电笔，戴好绝缘手套侧身平稳操作，预防触电。

② 有加热设备的油井，操作前应进行降温调整，操作后恢复正常。

③ 操作前应在光杆盘根盒上打方卡子，防止操作过程中抽油机转动，预防意外发生。

④ 方卡子要打正、打紧，操作时严禁手抓光杆，预防滑脱发生人身伤害，光杆毛刺要锉净，预防损伤盘根造成泄漏污染。

⑤ 取下旧刹车蹄片前，要将调节螺丝松到最大位置，防止取出销子时，弹簧弹出刹车片伤人。

⑥ 安装新刹车蹄片时，要注意安装顺序，丝扣要涂黄油防腐，刹车蹄轴要安装牢固。

⑦ 安装穿销要注意方向，开口销要用克丝钳分开，保证使用中不能有刮碰现象。

⑧ 试刹车 2~3 个点，最松时不刮不磨，两刹车片间距离相等，刹紧刹车后，刹车把在刹车行程的 1/3~2/3 之间。

⑨ 应急处置：操作时发生人身意外伤害，应立即停止操作，脱离危险源后立即进行救治，如果伤情较重，立即拨打 120 急救电话送医院救治并汇报。

4.7.6　拓展链接

由于新旧蹄片刹车片厚度不同，更换抽油机刹车蹄片后要进行检验和调整。

(1) 组装刹车片

组装的新刹车片必须是同型号刹车片（刹车片型号规格主要是指刹车片的宽度、厚度和材质）；组装刹车片时，铆钉或固定螺帽要低于蹄片 2~3mm。

(2) 检验刹车效果

刹车连杆横平竖直，无弯曲变形现象，调节螺丝两端上扣均匀，备帽螺丝紧固，松拉刹车时无乱碰现象；拉紧刹车时，刹车把在刹车行程的 1/3~2/3 之间，完全松开刹车时，刹车片全部离开刹车轮，没有摩擦现象；检验刹车效果时，停机位置以曲柄水平为基准，选取三个停机位置（曲柄水平位置、曲柄水平向下 45°、曲柄水平向上 45°），拉紧刹车时，曲柄无缓慢滑动现象。

(3) 纵向拉杆（行程长短）的调整

抽油机停在下死点，断电；松开刹车，用扳手卸松滑兰螺丝上下锁死备帽，顺时针卸滑兰螺丝即缩短拉杆长度；逆时针可延长拉杆（使刹车不过紧）。

(4) 横向拉杆（行程长短）的调整

如果纵向拉杆调整到没有余地时，刹车行程还没有达到要求，就要调节横向行程拉杆长短，调节方法与纵向拉杆调整基本相同。

(5) 刹车把及锁销的调整

刹车把锁销是锁定刹车把的，其在刹车时靠提拉手锁定弹簧来实现，它的调整能够锁死刹车，不自行滑脱。调整锁死牙块在刹车的 1/3~2/3 之间，其间正好是刹车行程的范围。

4.7.7 思考练习

① 检验更换刹车蹄片效果时，选取什么位置停机最能检验刹车效果？

② 新更换刹车蹄片，除新旧蹄片尺寸要一样外，铆钉要低于蹄片表面多少为合适？

③ 为什么更换完新刹车蹄片后要重新调整刹车行程？

4.7.8 考核

4.7.8.1 考核规定

① 如违章操作，将停止考核。

② 考核采用百分制，考核权重：知识点（30%），技能点（70%）。

③ 考核方式：本项目为实际操作考题，考核过程按评分标准及操作过程进行评分。

④ 测量技能说明：本项目主要测试考生对抽油机更换刹车蹄片操作掌握的熟练程度。

4.7.8.2 考核时间

① 准备工作：2min（不计入考核时间）。

② 正式操作时间：30min。

③ 在规定时间内完成，到时停止操作。

4.7.8.3 考核记录表

更换抽油机刹车蹄片考核记录表见表 4-7-2。

表 4-7-2 更换抽油机刹车蹄片考核记录表

序号	考核内容	评分要素	配分	评分标准	备注
1	准备工作	选择工具、用具；劳保着装整齐，方卡子 1 副，375 活动扳手 1 把，450mm 活动扳手 1 把，600mm 管钳 1 把，锉刀 1 把，钢卷尺 1 把，试电笔 1 把，绝缘手套 1 副，200mm 克丝钳 1 把，0.75kg 手锤 1 把，150mm 平口螺丝刀 1 把，500mm 撬杠 1 根，同型号刹车蹄片 1 套，黄油、绵纱适量	5	未正确穿戴劳保不得进行操作，本次考核直接按零分处理；未准备工具、用具及材料扣 5 分；少选一件扣 1 分	
2	停机	将驴头停在接近下死点位置，侧身按停机按钮，刹紧刹车，侧身拉下断路器开关，打方卡子，调小炉火	15	未用试电笔验电扣 3 分；未检查刹车扣 3 分；未戴绝缘手套扣 2 分；未侧身操作扣 3 分；停机位置不合适扣 3 分；按错按钮扣 1 分；未调小加热炉火扣 3 分；未断电、打卡子此项不得分；未松刹车扣 5 分	
3	卸旧刹车蹄片	卸松刹车调节螺丝上的备帽及螺母，取下刹车拉杆接头穿销，卸掉刹车轴，取下旧刹车蹄片，清理刹车蹄轴并涂抹黄油防锈	15	未卸松备帽及螺母扣 5 分；未取下穿销扣 5 分；刹车蹄片弹出扣 10 分；刹车蹄片、蹄轴掉扣 5 分；未清理蹄轴扣 3 分；未涂油防腐扣 3 分	
4	换装新刹车蹄片	安装新刹车蹄片，用活动扳手拧紧刹车蹄轴，对正刹车蹄片，穿好弹簧，装好调节螺母及背帽，连接刹车拉杆，插上穿销，装好开口销，调节张合度上紧背帽，调节拉杆，使刹车行程在 1/3～2/3 之间	35	新刹车蹄片未摆正扣 5 分；未上紧刹车蹄轴扣 5 分；安装弹簧顺序错或忘记安装扣 5 分；穿销方向错扣 3 分；开口销影响操作扣 3 分；未调节刹车蹄片张合度扣 10 分；不会拉杆调节刹车行程扣 10 分；刹车行程不在 1/3～2/3 之间扣 10 分；打脱扳手扣 2 分	

续表

序号	考核内容	评分要素	配分	评 分 标 准	备注
5	检查更换刹车蹄片效果	卸掉方卡子,锉净毛刺,清理障碍物,戴绝缘手套送电,利用惯性二次启动抽油机,选择曲柄三个不同位置停机,拉紧刹车,检查更换刹车蹄片效果,调大炉火	25	未卸方卡子扣5分;未锉净毛刺扣3分;未检查障碍物扣5分;未戴绝缘手套扣3分;未侧身送电扣2分;逆向启机扣3分;未利用惯性启机扣2分;未检查更换刹车蹄片效果扣10分;试机不合格扣10分;未调大炉火扣5分	
6	清理场地	清理现场,收拾工具	5	未收拾保养工具扣2分;未清理现场扣3分;少收一件工具扣1分	
7	考核时限	30min,到时停止操作考核			

合计 100 分

任务 8　更换光杆一级密封盘根

光杆密封圈俗称盘根,是抽油机用来密封光杆与盘根盒之间的环形空间,防止油气泄漏的密封部件。在油井生产过程中,由于盘根长时间与光杆摩擦而损坏,造成油气从盘根盒处渗漏,污染环境,影响油井正常生产。及时更换损坏的盘根是保证油井正常生产,保护油气资源的重要手段之一。它也是采油工必须掌握的一项基本操作技能。

4.8.1　学习目标

通过学习,使大家掌握抽油机井更换光杆一级密封盘根的作用及操作规程,正确使用抽油机井更换光杆密封盘根操作所用试电笔、绝缘手套、裁纸刀或手钢锯;能够熟练预制盘根,操作配电箱、刹车,正确启停抽油机;能够正确使用平口螺丝刀取出旧盘根,加入新盘根;能够正确调整盘根松紧度并用测温仪对光杆温度进行检查;能够辨识违章行为,消除事故隐患;能够提高个人规避风险的能力,避免安全事故发生;能够在发生人身意外伤害时,进行应急处置。

4.8.2　学习任务

本次学习任务包括抽油机井停机,更换盘根,启动抽油机。

4.8.3　背景知识

4.8.3.1　盘根

抽油机井用来密封光杆与盘根盒之间环形空间,以橡胶为主制成的圆形填充物,称之为光杆密封盘根,也叫密封填料。随着采油技术的不断进步,光杆密封盘根的种类也由过去单一的O形盘根逐渐演变为螺旋盘根、塔形盘根、球形盘根、大碗盘根等多个品种,O形光杆密封盘根密封效果较好、操作简单、更换容易、价格低廉,目前生产现场仍以O形盘根为主,O形盘根结构如图 4-8-1 所示。

图 4-8-1 O形盘根结构示意图

4.8.3.2 防砸器

防砸器的原理是利用摩擦产生阻力，在更换光杆盘根过程中，将拆下的盘根盒压盖和上格兰固定在光杆某一位置，代替铁丝悬挂固定，避免出现盘根盒压盖掉落而砸伤操作者的事故，防砸器结构如图 4-8-2 所示。

图 4-8-2 防砸器结构示意图

4.8.3.3 测温仪

测温仪采用远红外线发射光讯号，在不接触被测物体的情况下测量物体的表面温度，在采油工作中，常应用在测量温度较高的注汽井井口温度或注汽管线温度（300℃左右）上，在检测盘根是否过紧造成光杆过热时，采用测温仪，能在准确测定温度的前提下，保证检测温度的安全性，杜绝了以往工人用手背试光杆温度时容易造成伤害的情况。

4.8.4 任务实施

4.8.4.1 准备工作

① 正确穿戴劳保用品。

② 准备工具、用具见表 4-8-1。

③ 正常生产抽油机井一口，且井口设备齐全符合要求。

表 4-8-1 更换光杆一级密封盘根工具、用具表

序号	工具、用具名称	规格	数量	序号	工具、用具名称	规格	数量
1	管钳	600mm	1把	7	试电笔	500V	1支
2	活动扳手	250mm	1把	8	绝缘手套		1副
3	平口螺丝刀	300mm	1把	9	防砸器		1把
4	裁纸刀		1把	10	黄油		适量
5	测温仪		1台	11	棉纱		适量
6	手锤	0.75kg	1把	12	同型号盘根		适量

4.8.4.2　操作过程

（1）停机

① 按逆时针方向用裁纸刀将盘根切成 30～45°的倾斜口。

② 用试电笔检测配电箱门是否带电。

③ 戴绝缘手套按停止按钮，将抽油机驴头停在距下死点 30～40cm 便于操作的位置，刹紧刹车。

④ 检查抽油机刹车连接是否牢固，刹车片抱合面积大于 80%，刹车行程在 1/3～2/3 之间。

⑤ 戴绝缘手套侧身拉下断路器开关，关好配电箱门。

⑥ 有井口加热设备的进行降温调整。

（2）更换盘根

① 用扳手交替关闭胶皮阀门，使光杆位于盘根盒中心位置（或用活动扳手卸掉盘根盒顶丝，用管钳上紧二级盘根）。

② 用管钳卸松盘根盒压盖，边卸边活动取下压盖和上格兰，用防砸器将其固定在光杆上。

③ 用平口螺丝刀取出所有旧盘根，并用棉纱清理干净盘根盒内部。

④ 新盘根抹上黄油加入盘根盒内，用平口螺丝刀压平压实，O 形盘根切口要互相错开 120°～180°。

⑤ 缓慢卸下防砸器，放平格兰，上好盘根盒压盖至松紧合适。

⑥ 用扳手交替完全打开胶皮阀门（或松二级盘根到原位置，上好盘根盒顶丝，用手锤调整盘根盒对中）。

（3）启机

① 检查抽油机周围有无障碍物，戴绝缘手套打开箱门，合上断路器开关送电。

② 戴绝缘手套按启动按钮，曲柄向前摆动一个角度后停机，待曲柄摆动方向与抽油机运转方向一致时利用惯性二次启动抽油机。

③ 检察盘根盒是否渗漏，用测温仪检查光杆是否发热，调整好盘根松紧度。

④ 在光杆下行时，盘根盒压帽与光杆之间加适量黄油。

⑤ 将加热设备调整到正常运行状态。

⑥ 清理现场，将工具擦拭干净，保养存放，将有关资料填入报表。

4.8.5　归纳总结

① 预制盘根时戴好手套，注意切口方向正确，平稳操作，防止发生人身伤害。

② 启停机正确使用试电笔，戴好绝缘手套侧身平稳操作，预防触电。

③ 操作前检查刹车，确保灵活好用，操作后检查抽油机运转正常后方可离开。

④ 停机后必须刹紧刹车，切断电源，预防意外。

⑤ 防砸器固定盘根盒压盖和上格兰时要放平、拧紧，防止滑落伤人。

⑥ 正确使用平口螺丝刀取出旧盘根加入新盘根，操作过程中如有少量气体漏出，应确认胶皮阀门是否关闭到位并用硫化氢测试仪测硫化氢含量，防止发生人身伤害。

⑦ 新加入盘根必须压平、压实，开口错开 120°～180°，保证更换盘根效果，避免造成

泄漏污染。

⑧ 上盘根盒压盖时，要放平、上正，防止上偏扣。

⑨ 两侧胶皮阀门必须交替松到位，防止光杆磨损胶皮阀门。

⑩ 应急处置：操作时发生人身意外伤害，应立即停止操作，脱离危险源后立即进行救治，如果伤情较重，立即拨打 120 急救电话送医院救治并汇报。

4.8.6 拓展链接

更换一级盘根过程中，若一级盘根盒已经拧紧，井口仍有漏气、漏油等关不严现象，应关闭进站阀门放压，确认无压力后更换二级盘根。

① 按照停机规程将抽油机驴头停在距下死点 30～40cm 便于操作的位置，刹紧刹车并锁死刹车，切断电源。

② 侧身关闭进站阀门，观察风向站在上风口，将污油桶对正取样阀门，缓慢打开取样阀门放空卸压。

③ 确认压力落零，打开一级盘根盒，取出旧盘根，用棉纱清理干净一级盘根盒；卸掉盘根盒顶丝，用管钳逆时针旋转，卸开二级盘根盒，上好一级盘根压帽，将盘根盒用防砸器固定好。

④ 取出旧二级盘根，用棉纱清理干净二级盘根盒，将新二级盘根抹上黄油，装好弹簧，加入二级盘根盒内。

⑤ 取下二级盘根盒，取下防砸器，顺时针旋转二级盘根盒至合适位置，对好顶丝孔，装好顶丝，将新的一级盘根涂抹黄油加入一级盘根盒内，上紧压帽。

⑥ 关闭取样阀门，侧身打开进站阀门试压，检查盘根盒有无渗漏。

⑦ 按照启机规程启机，观察盘根盒是否渗油，驴头上行时检查光杆是否发热，调整好盘根松紧度。

4.8.7 思考练习

① 更换抽油机井光杆一级密封盘根时，抽油机应该停在什么位置？

② 调整盘根松紧时应该注意什么？

4.8.8 考核

4.8.8.1 考核规定

① 如违章操作，将停止考核。

② 考核采用百分制，考核权重：知识点（30%），技能点（70%）。

③ 考核方式：本项目为实际操作考题，考核过程按评分标准及操作过程进行评分。

④ 测量技能说明：本项目主要测试考生对抽油机井更换光杆一级密封盘根操作掌握的熟练程度。

4.8.8.2 考核时间

① 准备工作：1min（不计入考核时间）。

② 正式操作时间：10min。

③ 在规定时间内完成，到时停止操作。

4.8.8.3　考核记录表

更换光杆一级密封盘根考核记录表见表 4-8-2。

表 4-8-2　更换光杆一级密封盘根考核记录表

序号	考核内容	评分要素	配分	评分标准	备注
1	准备工作	选择工具、用具；劳保着装整齐，250mm 活动扳手 1 把，600mm 管钳 1 把，300mm 平口螺丝刀 1 把，裁纸刀 1 把，测温仪 1 台，硫化氢测试仪 1 台，防砸器 1 个，0.75kg 手锤 1 把，试电笔 1 支，绝缘手套 1 副，同型号盘根适量、黄油、棉纱适量	5	未正确穿戴劳保不得进行操作，本次考核直接按零分处理；未准备工具、用具及材料扣 5 分；少选一件扣 1 分	
2	停机	预制盘根，停机前检查配电箱，将驴头停在接近下死点位置，侧身按停机按钮，刹紧刹车，侧身拉下断路器开关，调小炉火	25	预制盘根角度不合格扣 5 分，开口方向错扣 10 分；未用试电笔验电扣 5 分；未检查刹车扣 5 分；未戴绝缘手套扣 3 分；未侧身操作扣 3 分；停机位置不合适扣 3 分；未关配电箱门扣 3 分；未调小炉火扣 5 分；未拉下断路器扣 10 分	
3	更换盘根	关闭胶皮阀门；钳卸松盘根盒压盖，用防砸器将其固定在光杆上；取出旧盘根，清理盘根盒内部；新盘根抹上黄油，切口要错开 120°～180°，压实加满，卸下防砸器，放平格兰，上好盘根盒压盖；交替打开胶皮阀门	50	未关闭胶皮阀门扣 10 分；未交替关胶皮阀门扣 5 分；未缓慢卸下盘根盒压盖扣 5 分；防砸器未固定牢扣 5 分；掉下伤人扣 10 分；盘根未涂黄油扣 5 分；开口未错开扣 5 分；未压平、压实扣 5 分；不会使用硫化氢测试仪扣 3 分；格兰未放平扣 3 分；盘根盒压盖上偏扣 5 分；未交替打开胶皮阀门扣 3 分；未开到最大位置扣 5 分	
4	启机	检查清理障碍物，松刹车，侧身合断路器，按启动按钮，利用惯性启动抽油机，检察调整盘根松紧度，在盘根盒压帽与光杆之间加适量黄油，调大炉火	15	未检查清理障碍物扣 5 分；未松刹车扣 5 分；未戴绝缘手套扣 3 分；未侧身合断路器扣 5 分；按错按钮扣 1 分；逆向启机扣 5 分；未利用惯性启机扣 2 分；未检查调整盘根扣 5 分；不会调整扣 5 分；不会使用测温仪扣 3 分；未涂黄油扣 2 分；未调大炉火扣 5 分	
5	清理场地	清理现场，收拾工具	5	未收拾保养工具扣 2 分；未清理现场扣 3 分；少收一件工具扣 1 分	
6	考核时限	10min，到时停止操作考核			
		合计 100 分			

任务 9　更换光杆密封器

光杆密封器是采油树重要的密封部件，生产中密封器本体、丝扣或附件损坏需及时更换，以确保采油树良好的密封状态及安全运行。采油工应熟练完成更换工作，在确保安全的前提下尽可能减少停机时间，提高油井生产时率，是采油工必须掌握的一项基本操作技能。

4.9.1 学习目标

通过学习，使大家掌握抽油机井更换光杆密封器的作用及操作规程，正确使用抽油机井更换光杆密封器操作所用试电笔、绝缘手套、方卡子。能够熟练操作配电箱、刹车，正确启停抽油机；能够正确卸掉油管内压力、取出旧盘根、卸松井口密封器；能够正确使用方卡卸悬绳器负荷、按顺序卸掉悬绳器、取出旧密封器；能够正确套入新密封器、按顺序装好悬绳器、松刹车吃上负荷、拆掉方卡子并锉净手刺；能够正确连接新密封器、加好光杆密封盘根；能进行更换密封器效果检验；能够辨识违章行为，消除事故隐患。能够提高个人规避风险的能力，避免安全事故发生。能够在发生人身意外伤害时，进行应急处置。

4.9.2 学习任务

本次学习任务包括停抽油机，卸旧密封器，装新密封器，启动抽油机，检验密封效果。

4.9.3 背景知识

4.9.3.1 光杆密封器

光杆密封器是一种密封油管与光杆环形空间的井口装置，俗称盘根盒。它包括座体、外压盖、压块、柔性密封圈和密封填料盒、调偏机构等，主要有两级密封结构。老式光杆密封器的一级密封只有一层，而新式光杆密封器的一级密封通常有两层，确保在生产运行过程中，油井产出液不刺漏。在更换一级密封填料时，关紧二级密封，可以保证无渗漏等现象。调偏机构在抽油机与井口对中出现偏差时，能够更好地适应运动调偏需求，延长盘根使用寿命。光杆密封器示意图如图 4-9-1 所示。

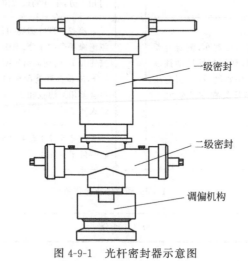

一级密封

二级密封

调偏机构

图 4-9-1 光杆密封器示意图

4.9.3.2 二级密封盘根作用及类型

（1）二级密封盘根作用

光杆密封器二级密封盘根平时处于松弛备用状态，在更换一级盘根时上紧，起到临时密封作用，它也是油井在特殊情况下（井喷、汽窜、一级盘根刺漏）的辅助密封措施，损坏原因一般是操作人员忘记打开或没有完全打开二级盘根，造成二级盘根长时间磨损而密封性能下降。检查光杆密封器二级盘根处于良好备用状态是采油生产中的一项重要工作，当发现二

级盘根密封效果不好时，<u>应立即更换。</u>

（2）二级密封盘根类型

随着技术的进步，光杆密封器的种类越来越多，二级密封盘根的类型主要分三类，一类是老式单翼二级盘根，此类二级盘根密封效果较好、价格便宜、更换容易，使用最广泛；一类是双翼二级盘根，此类二级盘根密封效果最好、价格较贵、更换容易，可以实现不停井更换油井一级密封；还有一类是新式无翼二级盘根，此类二级盘根密封效果较好、价格便宜、但更换复杂，操作不当容易造成二级盘根损坏。

4.9.4 任务实施

4.9.4.1 准备工作

① 正确穿戴劳保用品。

② 准备工具、用具见表 4-9-1。

③ 正常生产抽油机井一口，且井口设备齐全符合要求。

表 4-9-1 更换光杆密封器工具、用具表

序号	工具、用具名称	规格	数量	序号	工具、用具名称	规格	数量
1	管钳	600mm	1把	11	呆扳手	36mm	1把
2	管钳	900mm	1把	12	试电笔	500V	1支
3	活动扳手	200mm	1把	13	绝缘手套		1副
4	活动扳手	300mm	1把	14	生料带		1卷
5	活动扳手	375mm	1把	15	测温仪		1台
6	平口螺丝	200mm	1把	16	裁纸刀		1把
7	中平锉	300mm	1把	17	黄油		适量
8	方卡子		1副	18	棉纱		适量
9	手锤	0.75kg	1把	19	同型号盘根		适量
10	大锤	8kg	1把				

4.9.4.2 操作过程

（1）停机

① 用试电笔检测配电箱门是否带电。

② 戴绝缘手套按停止按钮，将抽油机驴头停在接近下死点位置，刹紧刹车。

③ 检查抽油机刹车连接是否牢固，刹车片抱合面积大于 80%，刹车行程在 1/3～2/3 之间。

④ 戴绝缘手套侧身拉下断路器开关，关好配电箱门。

⑤ 有井口加热设备的进行降温调整。

（2）卸旧密封器

① 在井口盘根盒上打好卸载卡子，启机卸掉驴头负荷，上提悬绳器上的方卡子到超过防冲距位置打紧，松刹车吃负荷，卸掉井口盘根盒上的方卡子，将抽油机停到下死点位置。

② 倒流程卸掉井内压力：压力较高时，打开套管气阀门，排尽套管气，停掉站内掺油（水）压力较低时关闭进站阀门，打开取样阀门，将井液放入污油桶内泄压。

③ 确认无压力后，用管钳卸松盘根盒压盖，边卸边活动取下压盖和上格兰，用防砸器

将其固定在光杆上，取出所有旧盘根（卸掉二级盘根顶丝，取出二级盘根）。

④ 卸松光杆密封器与卡箍的连接，将光杆密封器从卡箍中卸出。

⑤ 卸掉悬绳器上的光杆卡子，卸掉光杆顶帽，卸下悬绳器挡板，取出压铁。将光杆密封器组装在一起从光杆中提出来。

（3）安装新密封器

① 将新光杆密封器缓慢套入光杆，平稳下放，安装好悬绳器挡板和压铁，装好光杆顶帽。

② 擦净卡箍头，将光杆密封器连接丝扣缠好密封胶带，上紧光杆密封器。

③ 加好光杆密封盘根，上紧盘根压帽。加好二级盘根及一级密封盘根，对正拧紧二级盘根顶丝，用手锤轻敲密封器本体，调好光杆密封器与光杆对中，用管钳上紧调偏接头螺母。

④ 将光杆卡子在悬绳器上打紧，慢松刹车，使驴头吃上负荷，按照调整防冲距规程调好防冲距。

（4）启机

① 关闭取样阀门，侧身缓慢打开进站阀门试压，无渗漏后倒正常生产流程。

② 检查抽油机周围有无障碍物，戴绝缘手套打开箱门，合上断路器开关送电。

③ 戴绝缘手套按启动按钮，曲柄向前摆动一个角度后停机，待曲柄摆动方向与抽油机运转方向一致时利用惯性二次启动抽油机。

④ 将加热设备调整到正常运行状态。

（5）检验更换密封器效果

① 检查新更换密封器有无松动、渗漏现象。

② 检察盘根盒是否渗漏，用测温仪检查光杆是否发热，调整好盘根松紧度。

③ 在光杆下行时盘根盒压帽与光杆之间加适量黄油。

④ 清理现场，将工具擦拭干净，保养存放，将有关资料填入报表。

4.9.5 归纳总结

① 启停机正确使用试电笔，戴好绝缘手套侧身平稳操作，预防触电。

② 操作前检查刹车，确保灵活好用，操作后检查抽油机运转正常后方可离开。

③ 停机后必须刹紧刹车，切断电源，预防意外。

④ 倒流程卸压时，人要站在上风口，避免硫化氢中毒。

⑤ 卸松井口密封器前，将地面清理干净，人要站稳，防止松扣时伤人。

⑥ 方卡子要打正、打紧，操作时严禁手抓光杆，预防滑脱发生人身伤害。

⑦ 加载、卸载负荷时要平稳，不要过猛。

⑧ 光杆毛刺要锉净，预防损伤盘根造成泄漏污染。

⑨ 拆装光杆顶帽、悬绳器挡板、压铁、密封器时要缓慢，防止高空坠落伤人。

⑩ 启机前先倒流程试压，如连接部位有渗漏应立即关闭阀门，采取紧固等措施，防止开机后发生污染事故。

⑪ 应急处置：操作时发生人身意外伤害，应立即停止操作，脱离危险源后立即进行救治，如果伤情较重，立即拨打120急救电话送医院救治并汇报。

4.9.6 拓展链接

现场操作过程中，经常遇到在更换光杆一级密封盘根，打开盘根盒压盖后发现二级密封盘根失灵，一级密封盘根被顶出盘根盒的情况，二级盘根失灵后的应急处理方法如下。

二级盘根失灵后应立即关闭回油阀门，停掉掺油（水），打开套压阀门、地面连通阀和地下掺油阀门，井内的余压进入油套环形空间，打开放空阀门放掉油管内压力，立即更换一级密封盘根，如条件允许可更换二级盘根。

4.9.7 思考练习

① 油压较高的井，如何快速放井内余压？
② 更换一级盘根过程中发现二级盘根关不严应如何处理？

4.9.8 考核

4.9.8.1 考核规定

① 如违章操作，将停止考核。
② 考核采用百分制，考核权重：知识点（30%），技能点（70%）。
③ 考核方式：本项目为实际操作考题，考核过程按评分标准及操作过程进行评分。
④ 测量技能说明：本项目主要测试考生对抽油机井更换光杆密封器操作掌握的熟练程度。

4.9.8.2 考核时间

① 准备工作：2min（不计入考核时间）。
② 正式操作时间：40min。
③ 在规定时间内完成，到时停止操作。

4.9.8.3 考核记录表

更换光杆密封器考核记录表见表 4-9-2。

表 4-9-2 更换光杆密封器考核记录表

序号	考核内容	评分要素	配分	评分标准	备注
1	准备工作	选择工具、用具：劳保着装整齐，方卡子 1 副，200 mm、300 mm、375mm 活动扳手各 1 把，600mm、900mm 管钳各 1 把，300mm 锉刀 1 把，200mm 平口螺丝刀 1 把，测温仪 1 台，生料带 1 卷，0.75kg 手锤 1 把，试电笔 1 支，绝缘手套 1 副，同型号盘根适量，黄油、棉纱适量	5	未正确穿戴劳保不得进行操作，本次考核直接按零分处理；未准备工具、用具及材料扣 5 分；少选一件扣 1 分	
2	停机	停机前检查刹车，将驴头停在接近下死点位置，侧身按停机按钮，刹紧刹车，侧身拉下断路器开关，调小炉火	10	未用试电笔验电扣 2 分；未检查刹车扣 5 分；未戴绝缘手套扣 3 分；未侧身操作扣 5 分；停机位置不合适扣 3 分；未关配电箱门扣 2 分；未调小炉火扣 3 分；未拉下断路器开关扣 5 分	

续表

序号	考核内容	评分要素	配分	评分标准	备注
3	卸旧密封器	打卡子、卸掉驴头载荷,刹紧刹车并锁死刹车,切断电源;倒流程卸压;卸掉悬绳器上的卡子、光杆顶帽、挡板、压铁,卸下压盖,取出旧盘根;卸掉并取出光杆密封器	25	方卡子打错位置扣5分;卡子未打紧扣5分;未锁刹车扣3分;未断电扣3分;未倒流程卸压扣10分;倒错流程扣5分;压力未卸尽拆盘根盒扣5分;未卸悬绳器上卡子扣5分;未卸光杆顶帽、悬绳器挡板、压铁扣3分;未取出旧盘根扣3分;不会卸光杆密封器扣5分	
4	安装新密封器	将新光杆密封器套入光杆,装好悬绳器挡板和压铁,装好光杆顶帽,上提光杆至合适位置,摘掉驴头负荷,停机刹紧刹车,切断电源,将负载卡子移至原位置,密封器丝扣缠胶带上紧,加好光杆密封盘根	25	套入密封器时掉落扣5分;未安装悬绳器挡板、压铁、光杆顶帽扣5分,安装顺序错扣2分;未在原位置打卡子扣3分;未缓慢松刹车扣3分;未刹紧刹车扣3分;未卸掉井口卡子扣5分;未锉净毛刺扣3分;密封丝扣未缠胶带扣2分;盘根未加满扣3分;上盘根压帽偏扣3分	
5	启机	关闭取样阀门,缓慢打开阀门试压,无渗漏后倒正常生产流程,检查清理障碍物,合闸送电,戴绝缘手套利用惯性启机,调大炉火	15	未关取样阀倒流程扣10分;未试压后再打开阀门扣5分;倒错流程扣5分;未检查清理障碍物扣5分;未戴绝缘手套扣3分;未松刹车扣5分;未侧身去断路器扣3分;逆向启机扣3分;未利用惯性启机扣2分,未调大炉火扣3分	
6	检验更换密封器效果	检查新更换密封器有无松动、渗漏,检查调整盘根松紧度,在光杆涂适量黄油润滑	15	未检查新密封器是否松动、渗漏扣5分;未检查调整盘根扣5分;不会调整扣5分;不会使用测温仪扣3分;未涂黄油扣2分	
7	清理场地	清理现场,收拾工具	5	未收拾保养工具扣2分;未清理现场扣3分;少收一件工具扣1分	
8	考核时限			40min,到时停止操作考核	
				合计100分	

任务 10　更换抽油机皮带

抽油机在生产过程中,抽油机皮带的作用是将电动机的旋转运动传递给减速器,经过减速器减速后,带动抽油机驴头上下往复运动。由于抽油机长期在野外运行,条件较为恶劣,皮带产生磨损,性能将越来越差,造成皮带打滑、启动困难、传动效率降低、抽油机不能正常工作等问题。皮带磨损严重后就要及时更换,确保抽油机井正常生产。更换抽油机皮带是采油工必须掌握的一项基本操作技能。

4.10.1　学习目标

通过学习,使大家掌握更换抽油机皮带的操作规程,正确使用更换抽油机皮带操作所用试电笔、绝缘手套、顶丝、活动扳手等工具;能够熟练操作配电箱、刹车,正确启停抽油机;能够正确使用工具松电动机固定螺丝;能够进行电动机的移动;能够正确选择抽油机皮带;能够正确更换抽油机皮带;能够正确调整抽油机皮带松紧;能够正确调整抽油机皮带"四点一线";能够辨识违章行为,消除事故隐患;能够提高个人规避风险的能力,避免安全事故发生;能够在发生人身意外伤害时,进行应急处置。

4. 10. 2　学习任务

本次学习任务包括抽油机井停机，向前移动电动机，更换抽油机皮带，向后移动电动机，启动抽油机，检查抽油机和皮带运转情况。

4. 10. 3　背景知识

4. 10. 3. 1　V 带知识介绍

（1）V 带的应用

V 带的横截面呈等腰梯形，传动时，以两侧为工作面，但 V 带与轮槽槽底不接触。在同样的张紧力下，V 带传动较平带传动能产生更大的摩擦力。

（2）V 带的横剖面结构

常见 V 带的横剖面结构由包布、顶胶、抗拉体、底胶等部分组成，按抗拉体结构可分为绳芯 V 带和帘布芯 V 带两种。帘布芯 V 带制造方便，抗拉强度好；绳芯 V 带柔韧性好，抗弯强度高，适用于转速较高、载荷不大和带轮直径较小的场合。

（3）V 带的类型

V 带有普通 V 带、窄 V 联组带、接头 V 带等近十种类型。窄 V 联组带采用涤纶等高强度合成纤维绳作抗拉体，相对高度 $h/b_p \approx 0.9$。与普通 V 带（$h/b_p \approx 0.7$）相比，当高度相同时，窄 V 联组带的宽度缩小，而承载能力可提高 1.5～2.5 倍。窄 V 联组带可分为 SPZ、SPA、SPB、SPC 四种型号。

4. 10. 3. 2　皮带传动的优点和缺点

（1）皮带轮传动的优点

皮带轮传动能缓和载荷冲击；皮带轮传动运行平稳、噪声低、振动低；皮带轮传动的结构简单，调整方便；皮带轮传动对于皮带轮制造和安装精度不如啮合传动严格；皮带轮传动具有过载保护的功能；皮带轮传动的两轴中心距调节范围较大。

（2）皮带传动的缺点

皮带轮传动有弹性滑动和打滑现象，传动效率较低，不能保持准确的传动比；皮带轮传动传递同样大的圆周力时，轮廓尺寸和轴上压力比啮合传动大；皮带轮传动皮带的寿命较短。

4. 10. 3. 3　皮带"四点一线"及松紧度标准

"四点一线"：减速器皮带轮、电动机皮带轮边缘拉一条线通过两轴中心，这四点在一条直线上，称为"四点一线"（图 4-10-1）。

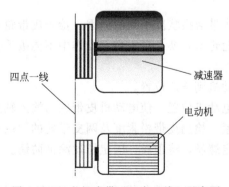

图 4-10-1　电机皮带"四点一线"示意图

松紧度标准：用手下按，可按下 1～2 指，或者用手翻皮带，能将背面翻上且松手后即恢复原状为合格。

4.10.4 任务实施

4.10.4.1 准备工作

① 正确穿戴劳保用品。

② 准备工具、用具见表 4-10-1。

③ 正常生产抽油机井一口，且井口设备齐全符合要求。

表 4-10-1 更换抽油机皮带工具、用具表

序号	工具、用具名称	规格	数量	序号	工具、用具名称	规格	数量
1	管钳	600mm	1 把	8	试电笔	500V	1 支
2	活动扳手	300mm	1 把	9	撬杠	500mm	1 根
3	活动扳手	375mm	1 把	10	撬杠	1000mm	1 根
4	大锤	8kg	1 把	11	工程线	5m	1 张
5	同型号皮带		1 组	12	螺丝刀	150mm	1 把
6	安全带		1 副	13	绝缘手套		1 副
7	顶丝棒		1 根	14	黄油		适量

4.10.4.2 操作过程

(1) 停机

① 用试电笔检测配电箱门是否带电。

② 戴绝缘手套按停止按钮，将抽油机驴头停在接近上死点位置，刹紧刹车。

③ 检查抽油机刹车连接是否牢固，刹车片抱合面积大于 80%，刹车行程在 1/3～2/3 之间。

④ 戴绝缘手套侧身拉下断路器开关，关好配电箱门。

(2) 向前移动电动机

① 用顶丝棒卸松电动机顶丝。

② 用活动扳手卸松电动机滑轨的 4 条固定螺丝或卸松电动机 4 条固定螺丝。

③ 用撬杠（或向下按皮带）向前移动电动机，使皮带松弛。

(3) 更换皮带

① 摘下旧皮带，分析皮带磨损状况，判断原因，检查皮带轮有无损坏。

② 用螺丝刀清理皮带轮轮槽，换上新皮带，操作中不能戴手套和手抓皮带。

(4) 向后移动电动机

① 用撬杠向后移动电动机到合适位置。

② 调整电动机滑轨或电动机位置，使电动机皮带轮与输入轴皮带轮成"四点一线"。

③ 用顶丝调整皮带松紧，检测皮带松紧度及两皮带轮的"四点一线"。

④ 紧固电机滑轨或固定螺丝，将顶丝、固定螺丝涂油防锈。

(5) 启机

① 检查抽油机周围有无障碍物，戴绝缘手套打开箱门，合上断路器开关送电，缓慢松

刹车控制曲柄转速。

②戴绝缘手套按启动按钮，曲柄向前摆动一个角度后停机，待曲柄摆动方向与抽油机运转方向一致时利用惯性二次启动抽油机。

③检查抽油机运转是否正常，观察皮带运转是否正常。

④清理现场，将工具擦拭干净，保养存放。

4.10.5　归纳总结

①启停机正确使用试电笔，戴好绝缘手套侧身平稳操作，预防触电。

②停机后检查刹车，确保灵活好用，操作后检查抽油机运转正常后方可离开。

③停机后必须刹紧刹车，切断电源，预防意外。

④用撬杠移动电机用力要均匀，防止打滑伤人。

⑤安装皮带时不能戴手套。

⑥安装新皮带要调整好"四点一线"，皮带松紧应合适。

⑦电机滑轨和固定螺丝应涂油防腐。

⑧应急处置：操作时发生人身意外伤害，应立即停止操作，脱离危险源后立即进行救治，如果伤情较重，立即拨打120急救电话送医院救治并汇报。

4.10.6　拓展链接

液力耦合器是抽油机液力传动装置，是适应游梁抽油机工作特点，根据抽油机交变载荷设计的一种液力传动装置。液力耦合器如图4-10-2所示，内部结构见图4-10-3，液力耦合器的特点有以下几点。

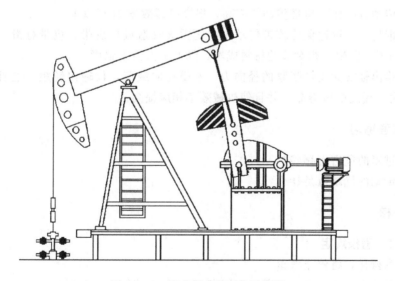

图 4-10-2　液力耦合器工作示意图

①改善抽油机电机起动工况，实现电机接近零负荷起动。

②液力耦合器具有良好的过载保护功能，在抽油机输出转速为0时（卡死），液力耦合器实施过载保护不烧电机。

③液力耦合器为液体柔性传动，能减缓抽油机载荷的冲击和振动，能减小抽油杆的惯

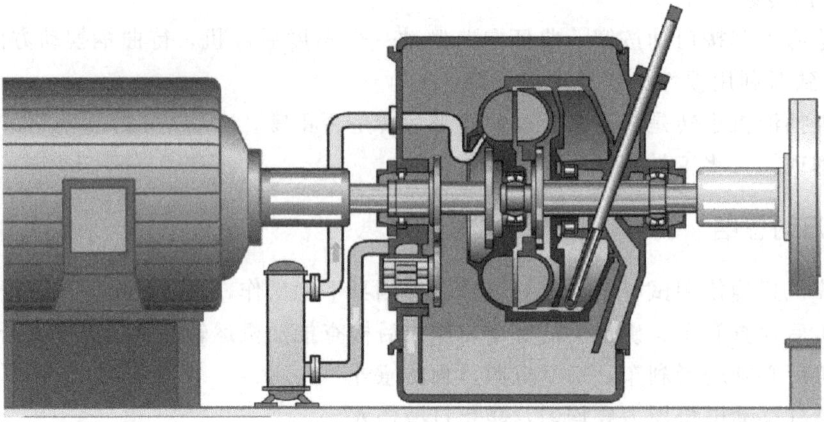

图 4-10-3　液力耦合器内部结构图

性载荷，防止抽油杆受拉断脱。

　　④ 液力耦合器可以削平（弱）由于交变载荷造成的电机峰值电流，实现节约电机有功功率。可以实现合理匹配抽油机电机功率，降低电机容量。

　　⑤ 抽油机专用液力耦合器，属限矩型耦合器，当耦合器输出扭矩大于减还箱允许最大输入扭矩时，耦合器温度迅速上升，当超过极限温度（115℃±5℃）时，耦合器上的保护塞中易熔合金塞熔化，将液体喷出，不传递扭矩，使抽油机停止工作，电机空转，从而保护了电机与抽油机不被损坏。重新充入传动液和更换易熔塞排除超载故障后可恢复正常，无损设备，简洁方便。

　　⑥ 齿轮传动效率比三角带传动效率高，提高机械效率10%以上。

　　⑦ 无皮带传动，可避免传统带传动中因雨雪天气造成烧皮带、皮带打滑、停机影响油井正常生产的事故发生，相对节约材料成本，降低工人劳动强度。

　　⑧ 电机输出轴端无皮带张紧的径向力，不受径向载荷，仅输出转矩，电机轴受力得到改善，因而大大提高电机寿命，并且使机械效率相应提高。

4.10.7　思考练习

　　① 皮带过紧的危害有哪些？
　　② 皮带传动的优缺点是什么？

4.10.8　考核

4.10.8.1　考核规定
　　① 如违章操作，将停止考核。
　　② 考核采用百分制，考核权重：知识点（30%），技能点（70%）。
　　③ 考核方式：本项目为实际操作考题，考核过程按评分标准及操作过程进行评分。
　　④ 测量技能说明：本项目主要测试考生对更换抽油机皮带操作掌握的熟练程度。

4.10.8.2　考核时间
　　① 准备工作：1min（不计入考核时间）。
　　② 正式操作时间：30min。

③ 在规定时间内完成，到时停止操作。

4.10.8.3　考核记录表

更换抽油机皮带考核记录表见表 4-10-2。

表 4-10-2　更换抽油机皮带考核记录表

序号	考核内容	评 分 要 素	配分	评 分 标 准	备注
1	准备工作	选择工具、用具；劳保着装整齐，150mm 螺丝刀 1 把，300mm、375mm 活动扳手各 1 把，8kg 大锤 1 把，同型号皮带 1 组，安全带 1 副，顶丝棒 1 根，试电笔 1 支，500mm、1000mm 撬杠各 1 根，工程线 5m，600mm 管钳 1 把，绝缘手套 1 副，黄油、棉纱适量	5	未正确穿戴劳保不得进行操作，本次考核直接按零分处理；未准备工具、用具及材料扣 5 分；少选一件扣 1 分	
2	停机	将驴头停在接近上死点位置，侧身按停机按钮，刹紧刹车，侧身拉下断路器开关	10	未用试电笔验电扣 3 分；未检查刹车扣 3 分；未戴绝缘手套、未侧身操作扣 3 分；停机位置不合适扣 3 分；按错按钮扣 1 分；未断电此项不得分	
3	向前移动电动机	卸松电动机顶丝；卸松电动机滑轨的 4 条固定螺丝或卸松电动机固定螺丝；用撬杠移动电动机，使皮带松弛	20	打错扳手扣 2 分/次；撬杠打滑扣 3 分/次；操作用力过猛扣 5 分	
4	更换皮带	摘下旧皮带，分析皮带磨损状况，判断原因，检查皮带轮有无损坏；用螺丝刀清理皮带轮轮槽，换上新皮带	15	用手抓皮带扣 5 分；戴手套更换皮带扣 5 分；未检查旧皮带扣 2 分；未检查皮带轮扣 3 分，未清理皮带轮扣 3 分	
5	向后移动电动机	用撬杠向后移动电动机到合适位置；调整电动机皮带轮与输入轴皮带轮成"四点一线"；用顶丝调整皮带松紧；对角紧固电机滑轨或固定螺丝；将顶丝、固定螺丝涂油防锈	20	撬杠打滑扣 3 分/次；操作用力过猛扣 5 分；"四点一线"不合格扣 5 分；皮带松紧不合格扣 3 分；未对角紧固螺丝扣 3 分；未涂油防腐扣 2 分	
6	启机	松刹车，侧身合断路器；按启动按钮，利用惯性启动抽油机；检查抽油机皮带运转情况	15	未戴绝缘手套扣 3 分；未检查障碍物扣 2 分；未松刹车扣 2 分；未侧身合断路器扣 2 分；按错按钮扣 1 分；逆向启机扣 3 分；未利用惯性启机扣 2 分，未检查抽油机皮带扣 2 分	
7	记录数据	汇报抽油机运转情况及皮带工作情况，油井的生产情况，产量、含水量及抽油机参数等，将有关数据填写班报表、值班记录和抽油机运行记录	10	未汇报生产情况扣 5 分；未记录扣 5 分；少记录一项扣 1 分	
8	清理场地	清理现场，收拾工具	5	未收拾保养工具扣 2 分；未清理现场扣 3 分；少收一件工具扣 1 分	
9	考核时限	30min，到时停止操作考核			

合计 100 分

任务 11　更换抽油机电动机

在石油开采过程中，电动机被广泛的作为动力装置来使用，抽油机配套的电动机更是长时间工作在野外环境，经常受大载荷冲击、振动、潮湿天气等恶劣工况影响，在生产中经常出现各样的故障，造成抽油机停运、油井停产，及时更换故障电动机保证油井正常生产是采油工的一项基本技能。

4.11.1　学习目标

通过学习，使大家掌握更换抽油机电动机的作用及操作规程，正确使用更换抽油机电动操作所用试电笔、绝缘手套、顶丝、活动扳手等工具。能够熟练操作配电箱、刹车，正确启停抽油机；能够正确使用工具松电动机固定螺丝；能够进行电动机的移动；能够正确使用工具调整皮带"四点一线"；能够调整皮带松紧；能够准确判断抽油机运转方向；能够了解指挥启吊作业的基本指令；能够辨识违章行为，消除事故隐患；能够提高个人规避风险的能力，避免安全事故发生；能够在发生人身意外伤害时，进行应急处置。

4.11.2　学习任务

本次学习任务包括抽油机井启停机，电动机固定螺丝的拆卸，移动电动机，皮带的拆卸和检查，电动机的吊装，皮带的安装，皮带松紧和"四点一线"的调整，检查抽油机运转情况。

4.11.3　背景知识

4.11.3.1　电动机种类

① 按工作电源分类：可分为直流电动机和交流电动机。其中交流电动机还分为单相电动机和三相电动机。

② 按结构及工作原理分类：可分为异步电动机和同步电动机。

③ 按起动与运行方式分类：可分为电容起动式单相异步电动机、电容运转式单相异步电动机、电容起动运转式单相异步电动机和分相式单相异步电动机。

④ 按用途分类：可分为驱动用电动机和控制用电动机。

⑤ 按转子的结构分类：可分为笼型感应电动机和绕线转子感应电动机。

⑥ 按运转速度分类：可分为高速电动机、低速电动机、恒速电动机、调速电动机。

4.11.3.2　电动机基本结构

生产现场普遍使用的是三相异步电动机，电机的各部名称和内部结构见图 4-11-1。

4.11.3.3　吊装管理规定

① 严禁未按照规定办理作业许可进行吊装作业。

② 严禁在坡道上不使用专用吊带起吊套管，或不使用规范吊具、索具起吊其他吊装物。

③ 严禁吊装物移动过程中在坠落伤人的危险区域内站人，或不使用牵引绳而用身体部位直接进行接触。

④ 严禁在未断电的高压线下或危险距离范围内进行吊装作业。

⑤ 严禁无有效证件人员从事起重操作、指挥、司索作业。

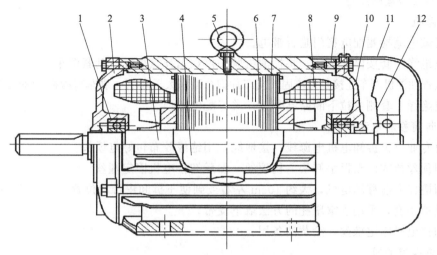

图 4-11-1　三相异步电动机结构图

1—轴承；2—前端盖；3—转轴；4—接线盒；5—吊环；6—定子铁心；
7—转子；8—定子绕组；9—机座；10—后端盖；11—风罩；12—风扇

4.11.3.4　吊索的介绍

吊索是吊装作业中最常见的一种作业工具。吊索也称千斤绳、对子绳或绳扣。吊装工程中使用较多，如捆系设备、拴挂滑车、稳固卷扬机等。它具有质量小、弹性大的优点，但刚性较大，不易弯曲，一旦弯曲不易复原。用麻芯的钢丝绳制作的吊索，不易在高温下工作。吊索制作形式较多，工程上常用的有插接端环和插接无极的（万能）吊索，在起重吊装作业中还常常把钢丝绳与吊钩、卸扣连接起来，制成各种式样的吊索，以便作起吊、捆绑或他用。

4.11.4　任务实施

4.11.4.1　准备工作

① 正确穿戴劳保用品。

② 准备工具、用具见表 4-11-1。

③ 正常生产抽油机井一口，且井口设备齐全符合要求。

表 4-11-1　更换抽油机电动机工具、用具表

序号	工具、用具名称	规格	数量	序号	工具、用具名称	规格	数量
1	电动机		1 台	11	大锤	8kg	1 把
2	活动扳手	300mm	1 把	12	工程线		5m
3	活动扳手	375mm	1 把	13	撬杠	500mm	1 根
4	绝缘手套		1 副	14	撬杠	1000mm	1 根
5	平口螺丝刀	150mm	1 把	15	棕绳		10m
6	钢丝绳套		1 根	16	钳型电流表	500A	1 块
7	安全带		1 副	17	试电笔	500V	1 支
8	纸笔		1 套	18	棉纱		适量
9	吊车		1 台	19	黄油		适量
10	手锤	0.75kg	1 把				

4.11.4.2 操作过程

(1) 停机

① 用试电笔检测配电箱门是否带电。

② 戴绝缘手套按停止按钮，将抽油机驴头停在上死点位置，刹紧刹车。

③ 检查抽油机刹车连接是否牢固，刹车片抱合面积大于80%，刹车行程在1/3～2/3之间。

④ 戴绝缘手套侧身拉下断路器开关，关好配电箱门。

(2) 向前移动电动机

① 由专业电工拆卸电机电源线、接地线，用绝缘胶布包好电缆头。

② 用顶丝棒或活动扳手卸松电机顶丝，然后卸松电机固定螺丝。

③ 用撬杠向前移动电机，大约10cm左右或到便于拆卸皮带的位置。

④ 脱掉手套，采用手掌压托的方法取下皮带。

⑤ 卸掉电机固定螺丝，涂黄油备用。

(3) 更换电动机

① 上紧电机吊环，检查钢丝绳套，钢丝绳套穿过电机吊环后将两端扣入吊车吊钩，系好牵引绳。

② 由专业人员指挥，启动吊车，用绳索牵引，将旧电机平稳吊运到车厢上。

③ 将新电机吊装到电机滑轨上就位，要用工具调整四条螺栓与电机底座螺栓对中，防止砸手。

(4) 向后移动电动机

① 将皮带装入电机皮带轮槽，检查皮带"四点一线"情况。

② 用顶丝向后移动电机，随时检查皮带的松紧，并用工程线调整皮带"四点一线"，达到皮带"四点一线"合格，皮带松紧合适的标准。

③ 上紧电机固定螺丝。

④ 将电机顶丝、固定螺丝涂油防锈。

⑤ 由专业电工安装电机电源线、接地线。

(5) 启机

① 检查抽油机周围有无障碍物，将操作使用的工具、用具清理干净，防止抽油机运转时掉落，戴绝缘手套打开箱门，合上断路器开关送电，缓慢松刹车控制曲柄转速。

② 戴绝缘手套按启动按钮，曲柄向前摆动一个角度后停机，待曲柄摆动方向与抽油机运转方向一致时利用惯性二次启动抽油机。

③ 检查抽油机运转是否正常，检查电机运转是否正常，有故障应及时停机检查。

(6) 记录数据

① 录取并汇报电动机铭牌数据、抽油机运转情况及电动机工作情况。

② 将有关数据填写班报表、值班记录和抽油机运行记录。

③ 清理现场，将工具擦拭干净，保养存放。

4.11.5 归纳总结

① 启停机正确使用试电笔，戴好绝缘手套侧身平稳操作，预防触电。

② 操作前检查刹车，确保灵活好用，操作后检查抽油机运转正常后方可离开。

③ 停机后必须刹紧刹车，切断电源，预防意外。

④ 吊电动机前必须上紧电动机吊环，检查钢丝绳套。

⑤ 向后移动电机调整皮带松紧和皮带"四点一线"的调整是同时进行。

⑥ 电动机接好后，若发现反转，调整任意两相电源线位置即可。

⑦ 吊车工作区域严禁站人。

⑧ 应急处置：操作时发生人身意外伤害，应立即停止操作，脱离危险源后立即进行救治，如果伤情较重，立即拨打 120 急救电话送医院救治并汇报。

4.11.6 拓展链接

电动机长时间运转，易发生各种故障，现场根据故障现象可初步判断故障原因。

① 通电后电动机不能转动，但无异响，也无异味或冒烟。故障原因是电源未通（至少两相未通）；过流继电器调得过小；控制设备接线错误；电源线短路或接地。

② 通电后电动机不转、有嗡嗡声。故障原因是定、转子绕组有断路，绕组引出线始末端接错或绕组内部接反；电源回路接点松动；接触电阻大；电动机负载过大或转子卡住；电源电压过低；小型电动机装配太紧或轴承内油脂过硬；轴承卡住。

③ 电动机启动困难，在额定负载下，电动机转速低于额定转速较多。故障原因是电源电压过低；△接法电机误接为 Y 接法；笼型转子开焊或断裂；定、转子局部线圈错接、接反；修复电机绕组时增加匝数过多；电机过载。

④ 电动机空载电流不平衡，三相电相间电流差过大故障：原因定子绕组匝数不相等；绕组首尾端接错；电源电压不平衡；绕组存在匝间短路、线圈反接等故障。

⑤ 电动机过热甚至冒烟。故障原因是电源电压过高，使铁芯发热大大增加；电源电压过低；电动机未在额定负载下运行；电流过大使绕组发热；定、转子铁芯相摩擦；Y、△接法错误；电动机过载或频繁起动；笼型转子断条；电动机缺相运行；环境温度高，电动机表面污垢多；通风道堵塞；电动机风扇故障；通风不良；定子绕组故障（相间、匝间短路，定子绕组内部连接错误）。

4.11.7 思考练习

① 造成电动机损坏的原因有哪些？

② 更换抽油机电动机的操作中，吊装环节应该注意什么？

4.11.8 考核

4.11.8.1 考核规定

① 如违章操作，将停止考核。

② 考核采用百分制，考核权重：知识点（30％），技能点（70％）。

③ 考核方式：本项目为实际操作考题，考核过程按评分标准及操作过程进行评分。

④ 测量技能说明：本项目主要测试考生对更换抽油机电机操作掌握的熟练程度。

4.11.8.2 考核时间

① 准备工作：5min（不计入考核时间）。

② 正式操作时间：30min。

③ 在规定时间内完成，到时停止操作。

4.11.8.3 考核记录表

更换抽油机电动机考核记录表见表 4-11-2。

表 4-11-2 更换抽油机电动机考核记录表

序号	考核内容	评 分 要 素	配分	评 分 标 准	备注
1	准备工作	选择工具、用具:劳保着装整齐,同功率合格电动机1台,吊车1台,钳形电流表1块,300mm、375mm活动扳手各1把,500mm、1000mm撬杠各1根,0.75kg、3.75kg手锤各1把,8kg大锤1把,工程线5m,棕绳10m,钢丝绳套1根,150mm螺丝刀1把,试电笔1支,绝缘手套1副,安全带1副,记录纸1张,记录笔1支,黄油、棉纱适量	5	未正确穿戴劳保不得进行操作,本次考核直接按零分处理;未准备工具、用具及材料扣5分;少选一件扣1分	
2	停机	将驴头停在接近下死点位置,侧身按停机按钮,刹紧刹车,侧身拉下断路器开关	10	未用试电笔验电扣3分;未检查刹车扣3分;未戴绝缘手套、未侧身操作扣3分;停机位置不合适扣3分;按错按钮扣1分;未断电此项不得分	
3	向前移动电动机	电工拆卸电机电源线、接地线,卸松电机顶丝,松电机固定螺丝。向前移动电机滑轨,取下皮带,卸掉电机固定螺丝	15	电源线或接地线未拆扣5分;未松顶丝扣5分;用手抓皮带扣10分;未卸掉电机固定螺丝扣10分	
4	更换电动机	上紧电机吊环,检查钢丝绳套,钢丝绳套穿过电机吊环后将两端扣入吊车吊钩,系好牵引绳;由专业人员指挥,启动吊车,用绳索牵引将旧电机平稳吊运到车厢上,将新电机吊装到电机滑轨上就位,要用工具调整四条螺栓与电机底座螺栓对中,防止砸手	25	未紧电机吊环扣5分;未检查绳套扣5分;未系牵引绳扣5分;操作不平稳扣3分;用手调整螺栓扣20分;无证指挥吊装扣20分	
5	向后移动电动机	将皮带装入电机皮带轮槽,检查皮带"四点一线"情况;用顶丝向后移动电机,随时检查皮带的松紧,并用工程线调整皮带"四点一线",达到皮带"四点一线"合格,皮带松紧合适的标准;上紧电机固定螺丝;将电机顶丝、固定螺丝涂油防锈;由专业电工安装电机电源线、接地线	20	手抓皮带扣5分;不会"四点一线"调整扣10分;皮带过松、过紧扣5分;未接线扣5分	
6	启机	松刹车,侧身合断路器,按启动按钮,利用惯性启动抽油机,检查抽油机电动机运转情况	10	未戴绝缘手套扣3分;未检查障碍物扣2分;未松刹车扣2分;未侧身合断路器扣2分;按错钮扣1分;逆向启机扣3分;未利用惯性启机扣2分;未检查抽油机电动机扣2分	
7	记录数据	汇报抽油机运转情况,油井的生产情况,产量、含水量及冲次等,将有关数据填写班报表、值班记录和抽油机运行记录	10	未汇报生产情况扣5分;未记录扣5分;少记录一项扣1分	
8	清理场地	清理现场,收拾工具	5	未收拾保养工具扣2分;未清理现场扣3分;少收一件工具扣1分	
9	考核时限	30min,到时停止操作考核			
		合计100分			

任务 12　检测抽油机底座水平

抽油机底座的水平对抽油机的安全运行至关重要，经常性的检测抽油机底座水平，使抽油机底座水平保持在合理的范围内，保证抽油机正常高效的运转，是采油工必须掌握的一项基本操作技能。

4.12.1　学习目标

通过学习，使大家掌握检测抽油机底座水平操作规程，正确使用检测抽油机底座水平所用试电笔、绝缘手套、水平尺、游标卡尺等工具；能够熟练操作配电箱、刹车，正确启停抽油机；能够正确选择测量位置；能够正确使用水平尺进行横向、纵向水平的测量；能够进行水平误差的计算，能够进行整机水平的判断；能够准确记录误差的数值；能够辨识违章行为，消除事故隐患；能够提高个人规避风险的能力，避免安全事故发生；能够在发生人身意外伤害时，进行应急处置。

4.12.2　学习任务

本次学习任务包括抽油机井停机，清理测量面，测量横向水平，测量纵向水平，计算横向误差，计算纵向误差，判断水平是否合格，启动抽油机，检查抽油机运转情况。

4.12.3　背景知识

4.12.3.1　抽油机的"五率、一配套"

抽油机的"五率"是指抽油机基础水平率，抽油机驴头、悬绳器、盘根盒三点一线对中率，抽油机运转平衡率，抽油机配件紧固率，抽油机润滑合格率；"一配套"是指抽油机修保设备、工具保养制度配套。

4.12.3.2　抽油机基础的安装要求

抽油机的基础分为死基础（固定不动的基础）和活动基础（可搬动的预制基础）两种。活动基础搬运方便，可多次使用，所以，目前大部分抽油机普遍使用活动基础。抽油机基础安装方向没有统一规定，但应考虑井场的大小、电源位置、公路方向、输油管走向、风向等因素。目前大多数油井抽油机安装方向垂直于输油管线，考虑到修井的方便，不宜靠电力线太近。在平原油田，一般让基础垂直于井排方向。抽油机活动基础的安装步骤如下。

① 平整地基。当地基位置确定后，画出地基位置，将松软土质挖去 400～500mm 深，下面夯实（在翻浆地区至硬土层以下夯实），上面填上约 200～400mm 厚的碎砾石后用水泥灌浆，用石块堆砌至高出地面 200mm，并保证基础具有足够的承压能力，且使表面保持水平。

② 拉线。先找出基础前端面两螺孔的中心点，然后从这一点到井口中心拉线，按各类抽油机给定的对井口距离为准，从井口量取尺寸再从井口中心与两螺孔中心量出一个等腰三角形，校正基础和决定活动基础摆放位置。

③ 将第一节基础按安装尺寸摆放，使基础中心对准井口中心，再吊放第二节基础。调节各节基础使之前后、左右水平。

4.12.3.3 塞尺

塞尺又称厚薄规或间隙片，用来检验两个相结合面之间间隙大小。塞尺具有两个平面，是由一片标准的钢片或一束具有各种不同厚度的钢片组成，每片上都标出厚度。塞尺有公制和英制两种。公制以毫米为单位，片上所标出的厚度表示百分之几毫米。英制以英寸为单位，片上所标出的厚度数表示千分之几英寸。测量时，钢片曲角度不能过大，也不可用较大的力塞入间隙。钢片上要揩擦干净。间隙尺寸的大小，由合适塞入的钢片的读数确定。

4.12.4 任务实施

4.12.4.1 准备工作

① 正确穿戴劳保用品。

② 准备工具、用具见表 4-12-1。

③ 正常生产抽油机井一口，且井口设备齐全符合要求。

表 4-12-1 检测抽油机底座水平工具、用具表

序号	工具、用具名称	规格	数量	序号	工具、用具名称	规格	数量
1	水平尺	500mm	1 把	6	试电笔	500V	1 支
2	塞尺		1 把	7	绝缘手套		1 副
3	游标卡尺	150mm	1 把	8	薄垫片		适量
4	刮刀		1 把	9	记录笔		1 支
5	划笔		1 支	10	棉纱		适量

4.12.4.2 操作过程

(1) 停机

① 用试电笔检测配电箱门是否带电。

② 检查抽油机刹车连接是否牢固，刹车片抱合面积应大于 80%，刹车行程在 1/3～2/3 之间。

③ 戴绝缘手套按停止按钮，将抽油机驴头停在接近上死点位置，刹紧刹车。

④ 戴绝缘手套侧身拉下断路器开关，关好配电箱门。

(2) 用水平尺检测抽油机底座横向水平

① 用刮刀、棉纱清理干净底座测量面，将水平尺放在测量点中间，观察气泡位置，若发现水平尺的气泡不在正中位置，在气泡偏移的相反方向加塞尺或垫片垫平水平仪，直到水平仪气泡停在中间位置为止。用游标卡尺测量垫片厚度或计算塞尺厚度，记录测量厚度数据。

② 用相同方法测量减速器前横向水平，测量减速器后横向水平，记录测量数据。

③ 计算横向水平误差判断是否合格。

$$横向水平误差值 = 塞尺(垫片)平均厚度 \times 1000 \div 水平尺长度$$

(3) 用水平尺检测抽油机底座纵向水平

① 用刮刀、棉纱清理干净底座测量面，将水平尺放在测量点中间，观察气泡位置，若发现水平尺的气泡不在正中位置，在气泡偏移的相反方向加塞尺或垫片垫平水平仪，直到水平仪气泡停在中间位置为止。用游标卡尺测量垫片厚度或计算塞尺厚度，记录测量厚度数据。

② 用相同方法测量减速器前后两侧纵向水平，记录测量数据。

③ 计算纵向水平误差判断是否合格。

$$纵向水平误差值＝塞尺(垫片)平均厚度×1000÷水平尺长度$$

(4) 启机

① 检查抽油机周围有无障碍物，戴绝缘手套打开箱门，侧身合上断路器开关送电，缓慢松刹车控制曲柄转速。

② 戴绝缘手套按启动按钮，曲柄向前摆动一个角度后停机，待曲柄摆动方向与抽油机运转方向一致时利用惯性二次启动抽油机。

(5) 记录数据

① 汇报抽油机运转情况，抽油机底座水平是否合格，油井的生产情况，产量、含水量及抽油机参数等。

② 将有关数据填写班报表、值班记录和抽油机运行记录。

③ 清理现场，将工具擦拭干净，保养存放。

4.12.5　归纳总结

① 启停机正确使用试电笔，戴好绝缘手套侧身平稳操作，预防触电。

② 操作前检查刹车，确保灵活好用，操作后检查抽油机运转正常后方可离开。

③ 停机后必须刹紧刹车，切断电源，预防意外。

④ 纵向水平检测支架两侧、减速器后底座两侧四个点。

⑤ 横向水平检测支架前，减速器前、后三个点。

⑥ 抽油机底座水平标准：纵向不平度误差每米不大于 3mm。

⑦ 抽油机底座水平标准：横向不平度误差每米不大于 0.5mm。

⑧ 应急处置：操作时发生人身意外伤害，应立即停止操作，脱离危险源后立即进行救治，如果伤情较重，立即拨打 120 急救电话送医院救治并汇报。

4.12.6　拓展链接

抽油机使用过程中，每年要分别进行一次春检和秋检，以确保抽油机良好的使用状态。

抽油机的春检是因为抽油机经过严寒冬季的运转，各部轴承油脂变质，连接螺丝松动，基础一冻一化造成抽油机底座水平变化，必须重新进行调整、紧固、润滑、清洁、防腐的处理。

抽油机的秋检是抽油机经过多雨夏季的运转，各部轴承油脂变质，连接螺丝松动，基础经水泡后抽油机的底座水平变化，所以对抽油机要进行一次秋检，保证抽油机安全过冬。

4.12.7　思考练习

① 抽油机底座水平为什么会发生变化？

② 抽油机底座不水平对抽油机有哪些危害？

4.12.8　考核

4.12.8.1　考核规定

① 如违章操作，将停止考核。

② 考核采用百分制,考核权重:知识点(30%),技能点(70%)。

③ 考核方式:本项目为实际操作考题,考核过程按评分标准及操作过程进行评分。

④ 测量技能说明:本项目主要测试考生对检测抽油机底座水平操作掌握的熟练程度。

4.12.8.2　考核时间

① 准备工作:1min(不计入考核时间)。

② 正式操作时间:30min。

③ 在规定时间内完成,到时停止操作。

4.12.8.3　考核记录表

检测抽油机底座水平考核记录表见表4-12-2。

表 4-12-2　检测抽油机底座水平考核记录表

序号	考核内容	评分要素	配分	评分标准	备注
1	准备工作	选择工具、用具:劳保着装整齐,500mm水平尺1把,塞尺,150mm游标卡尺1把,刮刀1把,划笔1只,试电笔1支,绝缘手套1副,记录纸1张,记录笔1支,薄垫片、棉纱适量	5	未正确穿戴劳保不得进行操作,本次考核直接按零分处理;未准备工具、用具及材料扣5分;少选一件扣1分	
2	停机	将驴头停在接近下死点位置,侧身按停机按钮,刹紧刹车,侧身拉下断路器开关	15	未用试电笔验电扣3分;未检查刹车扣3分;未戴绝缘手套、未侧身操作扣3分;停机位置不合适扣3分;按错按钮扣1分;未断电此项不得分	
3	用水平尺检测抽油机底座横向水平	用刮刀、棉纱清理干净底座测量面,将水平尺放在测量点中间,在气泡偏移的相反方向加塞尺或垫片垫平水平仪,用游标卡尺测量垫片厚度或计算塞尺厚度,记录测量厚度数据;用相同方法测量减速器前横向水平,测量减速器后横向水平;记录测量数据,计算横向水平误差判断是否合格	25	测量位置错扣5分;未清理测量面扣3分;水平尺测量不准确扣5分;不会用游标卡尺扣3分;计算错误扣5分;不知水平范围扣5分	
4	用水平尺检测抽油机底座纵向水平	用刮刀、棉纱清理干净底座测量面,将水平尺放在测量点中间,在气泡偏移的相反方向加塞尺或垫片垫平水平仪,用游标卡尺测量垫片厚度或计算塞尺厚度,记录测量厚度数据;用相同方法测量减速器两侧纵向水平;记录测量数据,计算纵向水平误差判断是否合格	25	测量位置错扣5分;未清理测量面扣3分;水平尺测量不准确扣5分;不会用游标卡尺扣3分;计算错误扣5分;不知水平范围扣5分	
5	启机	松刹车,侧身合断路器,按启动按钮,利用惯性启动抽油机	15	未戴绝缘手套扣3分;未检查障碍物扣2分;未松刹车扣2分;未侧身合断路器扣2分;按错按钮扣1分;逆向启机扣3分;未利用惯性启机扣2分,未检查扣2分	
6	记录数据	记录油井的生产情况、抽油机参数等,将有关数据填写班报表、值班记录和抽油机运行记录	10	未记录扣5分;少记录一项扣1分	

续表

序号	考核内容	评分要素	配分	评分标准	备注
7	清理场地	清理现场,收拾工具	5	未收工具、未清理现场扣5分,少收一件工具扣1分	
8	考核时限	30min,到时停止操作考核			

合计 100 分

任务 13　测游梁式抽油机曲柄剪刀差

抽油机剪刀差是指两曲柄侧平面不重合,形成像剪刀一样的差开,称为剪刀差。剪刀差过大,使曲柄不在一个平面内工作,抽油机运转时会使抽油机一侧受力大,另一侧受力小,长时间运转可能造成连杆、尾轴、横梁及固定螺栓被拉断,造成翻机、扭坏游梁等事故。测剪刀差值是检查其工作状况,防止设备损坏的有效手段,是采油工必须掌握的一项基本操作技能。

4.13.1　学习目标

通过学习,使大家掌握测量游梁式抽油机剪刀差的操作规程,正确使用测量游梁式抽油机剪刀差所用试电笔、绝缘手套、水平尺、游标卡尺、塞尺等工具;能够熟练操作配电箱、刹车,正确启停抽油机;能够正确使用水平尺测量;能够进行剪刀差计算;掌握各种机型剪刀差的标准值;能够判断差值是否合格;能够辨识违章行为,消除事故隐患;能够提高个人规避风险的能力,避免安全事故发生;能够在发生人身意外伤害时,进行应急处置。

4.13.2　学习任务

本次学习任务包括抽油机井停机,测量面的处理,水平尺的使用,测量值的计算,剪刀差的判断及处理,启动抽油机。

4.13.3　背景知识

(1) 剪刀差允许范围

为了防止因为剪刀差过大而造成拉断连杆、尾轴、横梁螺栓等事故,按照抽油机型号不同制定了不同的曲柄剪刀差允许范围。抽油机曲柄剪刀差允许范围见表 4-13-1。

表 4-13-1　抽油机曲柄剪刀差允许范围

抽油机型号/(×10kN)	5	10	12
剪刀差允许范围/mm	<6	<7	<8

(2) 剪刀差过大的处理

① 若减速器输出轴键槽有问题,两键不在一条直线上,可做一异形键调整剪刀差或换用另一组键槽。

② 若曲柄上键槽有问题，可加大键槽或者重新开一个键槽。

(3) 抽油机曲柄剪刀差计算公式（直尺法）

曲柄剪刀差＝塞尺（垫片）平均厚度×两曲柄间宽度/水平尺长度

4.13.4 任务实施

4.13.4.1 准备工作

① 正确穿戴劳保用品。

② 准备工具、用具见表4-13-2。

③ 正常生产抽油机井一口，且井口设备齐全符合要求。

表 4-13-2 测游梁式抽油机曲柄剪刀差工具、用具表

序号	工具、用具名称	规格	数量	序号	工具、用具名称	规格	数量
1	长直尺		1根	9	游标卡尺	150mm	1把
2	塞尺		1把	10	垫片		适量
3	刮刀		1把	11	计算器		1个
4	钢卷尺	5m	1把	12	记录笔		1支
5	水平尺		1把	13	记录纸		1张
6	试电笔	500V	1支	14	黄油		适量
7	绝缘手套		1副	15	棉纱		适量
8	安全带		1副				

4.13.4.2 操作过程

(1) 停机

① 用试电笔检测配电箱门是否带电。

② 戴绝缘手套按停止按钮，尽量将抽油机曲柄停在水平位置，刹紧刹车，有死刹车的锁住死刹车。

③ 检查抽油机刹车连接是否牢固，刹车片抱合面积应大于80%，刹车行程在1/3～2/3之间。

④ 戴绝缘手套侧身拉卜断路器开关，关好配电箱门。

(2) 测量底座不平度

① 用刮刀、棉纱清理干净抽油机支架前测量面。

② 检测抽油机支架前测量面，将水平尺放在测量点中间，观察气泡位置，若发现水平尺的气泡不在正中位置，在气泡偏移的相反方向加塞尺或垫片垫平水平仪，直到水平仪气泡停在中间位置为止，用游标卡尺测量垫片厚度或计算塞尺厚度，记录测量厚度数据。

③ 检测抽油机减速器前测量面，记录测量厚度数据。

④ 检测抽油机减速器后测量面，记录测量厚度数据。

⑤ 将横向三个数据相加求平均值。

(3) 测量曲柄不平度

① 上到操作平台后系好安全带，用刮刀和棉纱清理两曲柄端面。

② 将长直尺横在两曲柄的最末端，做好记号，量取两曲柄末端间距全长及半长距离，在直尺中间位置做上记号，将水平尺放在长直尺中间，观察气泡位置，若发现水平尺的气泡

不在正中间，在气泡偏移的相反方向一端长直尺下面加塞尺或用垫片垫起直尺，直到水平尺气泡停在中间位置为止，计算塞尺厚度，或用游标卡尺测量垫片厚度，记录厚度数据。

为消除直尺不平直误差，可将直尺左右两端对调，重复测量水平。使用长直尺测量曲柄剪刀差如图 4-13-1 所示。

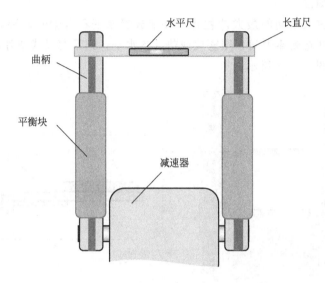

图 4-13-1　用长直尺测量曲柄剪刀差示意图

（4）计算剪刀差

① 将曲柄测量值与底座测量值按照同号相减异号相加的原则进行计算，得出曲柄剪刀差数值。

② 判断抽油机剪刀差是否大于抽油机安装技术要求。

（5）启机

① 检查抽油机周围有无障碍物，戴绝缘手套打开箱门，合上断路器开关送电，缓慢松刹车控制曲柄转速。

② 戴绝缘手套按启动按钮，曲柄向前摆动一个角度后停机，待曲柄摆动方向与抽油机运转方向一致时利用惯性二次启动抽油机。

（6）记录数据

① 汇报抽油机运转情况。

② 将有关数据运行记录。

③ 清理现场，将工具擦拭干净，保养存放。

4.13.5　归纳总结

① 操作前必须检查刹车，停机必须切断电源

② 停机时曲柄尽可能接近水平位置。

③ 抽油机平台站位可靠、平稳操作，防止滑跌摔伤。

④ 应急处置：操作时发生人身意外伤害，应立即停止操作，脱离危险源后立即进行救治，如果伤情较重，立即拨打 120 急救电话送医院救治并汇报。

4.13.6 拓展链接

游梁式抽油机剪刀差的测量方法有多种。除直尺检测法外，常用的还有检测棒检测法和曲柄测量法。

(1) 检测棒检测法

将专用检测棒放入曲柄的最大冲程孔。要求放置水平不可偏斜，装紧，不得有松动现象，将水平尺放到两检测棒中间，用塞尺或垫片找水平，记录塞尺或垫片的厚度，即可得到剪刀差的数据，如图 4-13-2 所示。

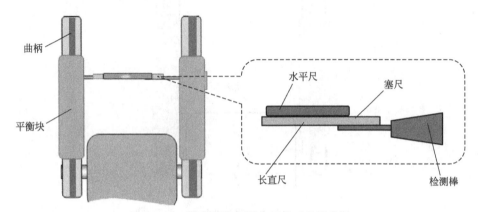

图 4-13-2 用检测棒检测曲柄剪刀差示意图

(2) 曲柄测量法

先用水平尺测量一侧曲柄末端的水平，再测另一侧曲柄末端的水平（图 4-13-3），用游标卡尺分别测出水平尺在水平位置时所垫垫片的厚度（或读出塞尺厚度值）；然后用大数减去小数，乘以输出轴至曲柄末端的长度再除以水平尺长度，即可得出剪刀差数据。

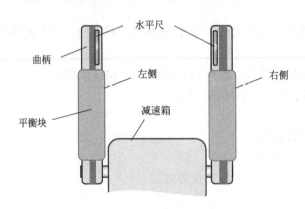

图 4-13-3 用曲柄测量曲柄剪刀差示意图

4.13.7 思考练习

① 游梁式抽油机曲柄剪刀差形成的原因有哪些？

② 抽油机底座不水平对抽油机曲柄剪刀差值有什么影响？

4.13.8 考核

4.13.8.1 考核规定

① 如违章操作，将停止考核。

② 考核采用百分制，考核权重：知识点（30%），技能点（70%）。

③ 考核方式：本项目为实际操作考题，考核过程按评分标准及操作过程进行评分。

④ 测量技能说明：本项目主要测试考生对游梁式抽油机曲柄剪刀差的测量操作掌握的熟练程度。

4.13.8.2 考核时间

① 准备工作：1min（不计入考核时间）。

② 正式操作时间：30min。

③ 在规定时间内完成，到时停止操作。

4.13.8.3 考核记录表

测游梁式抽油机曲柄剪刀差考核记录表见表 4-13-3。

表 4-13-3　测游梁式抽油机曲柄剪刀差考核记录表

序号	考核内容	评分要素	配分	评分标准	备注
1	准备工作	选择工具、用具：劳保着装整齐，长直尺1把，游标卡尺1把，塞尺，刮刀1把，水平尺1把，安全带1副，钢卷尺1把，试电笔1支，绝缘手套1副，计算器1个，记录纸1张，记录笔1支，棉纱适量	5	未正确穿戴劳保不得进行操作，本次考核直接按零分处理；未准备工具、用具及材料扣5分；少选一件扣1分	
2	停机	用试电笔对配电箱验电，侧身按停止按钮，将曲柄停在水平位置，刹紧刹车，使用死刹车，分开断路器	10	未用试电笔对控制箱验电扣2分；按错按钮扣1分；曲柄未停在水平位置扣3分；未刹紧刹车扣2分；未用死刹车扣3分；未断电扣5分；拉下断路器开关未戴绝缘手套扣2分；未侧身扣2分	
3	测量底座不平度	用刮刀、棉纱清理干净抽油机支架前测量面，检测抽油机支架前测量面，记录测量厚度数据；检测抽油机减速器前测量面，记录测量厚度数据；检测抽油机减速器前测量面，记录测量厚度数据；将横向三个数据相加求平均值	20	未清理测量面扣5分；未将水平尺放在底座中间扣2分；未观察气泡偏移方向扣3分；垫塞尺或垫片方向错扣4分；不会使用游标卡尺扣5分；未使气泡居中扣5分；不会计算每次扣5分	
4	测量曲柄不平度	系好安全带，用刮刀和棉纱清理两曲柄端面；将长直尺横在两曲柄的最末端，量取两曲柄端面全长及半长距离，在直尺中间位置做上记号，将水平尺放在长直尺中间，观察气泡位置，计算塞尺厚度，或用游标卡尺测量垫片厚度，记录厚度数据	20	未清理测量面扣5分；未将水平尺放在底座中间扣2分；未观察气泡偏移方向扣3分；垫塞尺或垫片方向错扣4分；不会使用游标卡尺扣5分；未使气泡居中扣5分；不会计算每次扣5分	
5	计算剪刀差	将有关数据记录并进行计算，判断抽油机剪刀差是否大于抽油机安装技术要求	20	不会计算此项不得分；不知剪刀差范围扣5分；判断错误扣5分	

序号	考核内容	评分要素	配分	评 分 标 准	备注
6	启机	松刹车,侧身合断路器,按启动按钮,利用惯性启动抽油机	10	未戴绝缘手套扣 3 分;未检查障碍物扣 2 分;未松刹车扣 2 分;未侧身合断路器扣 2 分;按错按钮扣 1 分;逆向启机扣 3 分;未利用惯性启机扣 2 分	
7	记录数据	汇报抽油机运转情况,油井的生产情况,产量、含水量及冲次等,将有关数据填写班报表、值班记录和抽油机运行记录	10	未汇报生产情况扣 5 分;未记录扣 5 分;少记录一项扣 1 分	
8	清理场地	清理现场,收拾工具	5	未收工具、未清理现场扣 5 分,少收一件工具扣 1 分	
9	考核时限	30min,到时停止操作考核			
合计 100 分					

任务 14　调整游梁式抽油机曲柄平衡

抽油机是石油矿场进行石油开采的主要设备,由于抽油机在工作中上下冲程电动机所受的负荷不同,导致电动机在抽油机上、下冲程承受的负荷不均衡,为此需要借助平衡块来调节驴头上下冲程时电动机的负荷,使电动机平稳运行,延长电动机和抽油机及井下杆柱的寿命。但随着开采时间及井下产液量的变化,原来处于平衡状态的抽油机会不断变化。因此调整抽油机曲柄平衡是采油生产中常进行的一项操作。

4.14.1　学习目标

通过学习,使大家掌握调整游梁式抽油机曲柄平衡的操作规程,正确使用调整游梁式抽油机曲柄平衡所用试电笔、绝缘手套、钳型电流表、专用摇把、套筒扳手等工具;能够熟练操作配电箱、刹车,正确启停抽油机;能够进行电动机电流的测量;能够进行平衡度的计算;能够正确拆卸平衡块锁块;能够正确使用手锤卸松平衡块固定螺丝;能够准确调整平衡块位置;能够进行二次调整的计算;能够辨识违章行为,消除事故隐患;能够提高个人规避风险的能力,避免安全事故发生;能够在发生人身意外伤害时,进行应急处置。

4.14.2　学习任务

本次学习任务包括测量抽油机井电流,计算调整距离,判断调整方向,抽油机井停机,移动平衡块,启动抽油机,二次测量平衡度,计算调整距离,判断调整方向。

4.14.3　背景知识

(1) 抽油机平衡装置

抽油机工作特点是在一个冲程中承受一个交变载荷。上行程时,驴头悬点承受作用在活塞截面以上的液柱重量和抽油杆柱在液体中的重量，以及摩擦、惯性、振动等载荷，要求动力付出很大能量；下冲程时，抽油机驴头悬点只承受抽油杆柱在井液中的重量，此时动力付出很小的能量。由于上下冲程载荷差异很大，加在电动机上的载荷差别也大，抽油机无法正常工作，电动机易烧坏。为了解决这一弊端，就必须采用平衡装置使上、下冲程时的载荷差异减少，保证抽油机设备的正常运行。

平衡装置安装在抽油机游梁尾部或曲柄上，当抽油机上冲程时，平衡装置向下运转帮助克服驴头上的载荷；在下冲程时，电动机使平衡装置向上运动，储存能量，从而减少电动机上下冲程的负荷差别。

抽油机平衡方式有以下几种：游梁平衡、复合平衡、气动平衡、曲柄平衡。

① 游梁平衡：游梁的尾部装设一定重量的平衡板，以达到平衡的目的。这是一种简单的平衡方式，适用于 3t 以下的轻型抽油机。

② 曲柄平衡：将平衡块加在曲柄上，适用于 10 型以上重型抽油机，这种平衡方式结构相对简单，制造容易，可减少在游梁上造成过大的惯性力。其缺点是减速器输出轴承受很大的重量和扭力，消耗金属材料较多，调整平衡比较困难，操作用时多。

③ 复合平衡：在一台抽油机上同时使用游梁平衡和曲柄平衡。特点是小范围调整时，可调整游梁平衡块；大范围调整时，则调整曲柄平衡块。这种平衡方式适用于中型抽油机。

④ 气动平衡：利用气体的可压缩性来储存和释放能量达到平衡的目的。可应用于 10 型以上的重型抽油机，这种平衡方式减少了抽油机的动载荷及振动，但其装置精度要求高，加工麻烦。

（2）调整抽油机曲柄平衡的公式

① 抽油机平衡度：平衡度＝下行峰值电流值/上行峰值电流值×100％

$$B = I_{下}/I_{上} \times 100\% \tag{4-14-1}$$

② 平衡度标准：平衡度标准范围：80％～110％之间为合格。

③ 平衡块调整距离计算公式：

预调整距离计算公式：

$$H_1 = |100 - B \times 100| \tag{4-14-2}$$

式中　H_1——第一次调整距离，cm；

　　　B——抽油机井平衡度，％。

二次调整距离计算公式　$H_2 = H_1(I_{上2} - I_{下2})/(I_{上1} - I_{下1})$ (4-14-3)

式中　H_2——第二次调整距离。

　　$I_{上1}$——第一次测量上行电流峰值；

　　$I_{上2}$——第二次测量上行电流峰值；

　　$I_{下1}$——第一次测量下行电流峰值；

　　$I_{下2}$——第二次测量下行电流峰值。

4.14.4　任务实施

4.14.4.1　准备工作

① 正确穿戴劳保用品。

② 准备工具、用具见表 4-14-1。

③ 正常生产抽油机井一口，且配件齐全符合要求。

表 4-14-1　调整游梁式抽油机曲柄平衡工具、用具表

序号	工具、用具名称	规格	数量	序号	工具、用具名称	规格	数量
1	配套呆扳手		1把	12	试电笔	500V	1支
2	抽油机配套摇把		1把	13	撬杠	500mm	1根
3	活动扳手	300mm	1把	14	撬杠	1000mm	1根
4	活动扳手	375mm	1把	15	划笔		1支
5	工具袋		1个	16	绝缘手套		1副
6	钳形电流表	500A	1块	17	计算器		1个
7	安全带		1副	18	刮刀		1把
8	套筒扳手		1把	19	黄油		适量
9	螺丝刀	150mm	1把	20	棉纱		适量
10	钢板尺	500mm	1把	21	记录笔		1支
11	大锤	8kg	1把	22	记录纸		1张

4.14.4.2　操作过程

(1) 测电流计算平衡度

① 戴绝缘手套，由大到小选择钳型电流表挡位，测量抽油机驴头上、下行程电动机一向导线的电流峰值。

② 计算平衡度。

③ 判断平衡块的调整方向。

④ 计算调整距离。

(2) 停机

① 用试电笔检测配电箱门是否带电。

② 戴绝缘手套按停止按钮，将抽油机曲柄停在水平位置，刹紧刹车并锁死刹车，切断电源，关小炉火。为便于操作，向外调平衡块曲柄可以停在与水平方向向下 5°以内夹角位置，向内调平衡块曲柄可以停在与水平方向向上 5°以内夹角位置。

③ 检查抽油机刹车连接是否牢固，刹车片抱合面积应大于 80%，刹车行程在 1/3～2/3之间。

④ 戴绝缘手套侧身拉下断路器开关，关好配电箱门。

(3) 移平衡块

① 用刮刀清理曲柄面并用棉纱擦净，用钢板尺量出预调距离并做好记号。

② 卸掉平衡块定位齿块螺丝，取下齿块。

③ 用手锤敲专用套筒扳手，卸松平衡块低部位固定螺丝背帽，卸松固定螺丝 3～5 扣，卸松平衡块高部位固定螺丝背帽及固定螺丝。

④ 用摇把慢慢向预调方向移动平衡块到预计位置。调整平衡块如图 4-14-1 所示。

⑤ 放入定位齿块。

⑥ 拧紧平衡块高部位固定螺丝及背帽，拧紧平衡块低部位固定螺丝及背帽，拧紧定位

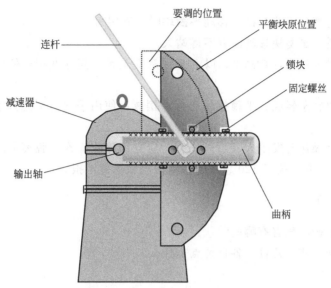

图 4-14-1 抽油机调整平衡块示意图

齿块固定螺丝。

⑦ 用同样方法调整另一块平衡块。

⑧ 将固定螺丝和锁块螺丝涂油防锈，擦净曲柄面。

（4）启机

① 检查抽油机周围有无障碍物，戴绝缘手套打开箱门，合上断路器开关送电，缓慢松刹车控制曲柄转速。

② 戴绝缘手套按启动按钮，曲柄向前摆动一个角度后停机，待曲柄摆动方向与抽油机运转方向一致时利用惯性二次启动抽油机。

（5）二次测量计算平衡度

① 检查抽油机运转情况，平衡块紧固情况。

② 用钳型电流表测量抽油机驴头上、下行程电动机一向导线的电流峰值。

③ 计算平衡度。

④ 判断平衡块的调整方向。

⑤ 计算调整距离。

（6）记录数据

① 汇报抽油机运转情况，油井的生产情况，产量、含水量及冲次等。

② 将有关数据填写班报表、值班记录和抽油机运行记录。

③ 清理现场，将工具擦拭干净，保养存放。

4.14.5 归纳总结

① 操作前必须检查刹车，停机必须切断电源。

② 调整后平衡度在 $80\%\sim110\%$ 之间为合格。

③ 停机后曲柄与水平位置的夹角不得大于 $\pm5°$。

④ 松平衡块固定螺丝时先卸低部位后卸高部位螺丝，紧平衡块固定螺丝时先紧高部位

后紧低部位螺丝。

⑤ 平衡块固定螺丝不能卸掉,移动平衡块时不能用力过猛。

⑥ 站位要合适,平衡块移动前方不得站人。

⑦ 高空作业脚要站稳,登高 2m 以上必须系安全带,高挂低用;使用工具必须用工具袋装好,用绳子吊运。

⑧ 使用工具要轻拿轻放,平稳操作,合理摆放;使用手锤时不能戴手套,防止手锤打滑或掉落伤人。

⑨ 应急处置:操作时发生人身意外伤害,应立即停止操作,脱离危险源后立即进行救治,如果伤情较重,立即拨打 120 急救电话送医院救治并汇报。

4.14.6 思考练习

① 抽油机不平衡的危害有哪些?

② 抽油机平衡方式有几种,各自特点是什么?

4.14.7 考核

4.14.7.1 考核规定

① 如违章操作,将停止考核。

② 考核采用百分制,考核权重:知识点(30%),技能点(70%)。

③ 考核方式:本项目为实际操作考题,考核过程按评分标准及操作过程进行评分。

④ 测量技能说明:本项目主要测试考生对调整游梁式抽油机曲柄平衡操作掌握的熟练程度。

4.14.7.2 考核时间

① 准备工作:1min(不计入考核时间)。

② 正式操作时间:30min。

③ 在规定时间内完成,到时停止操作。

4.14.7.3 考核记录表

调整游梁式抽油机曲柄平衡考核记录表见表 4-14-2。

表 4-14-2 调整游梁式抽油机曲柄平衡考核记录表

序号	考核内容	评分要素	配分	评分标准	备注
1	准备工作	选择工具、用具:劳保着装整齐,300mm、375mm 活动扳手各 1 把,3.75kg 手锤 1 把,500mm、1000mm 撬杠各 1 根,安全带 1 副,钳形电流表 1 块,套筒扳手 1 把,抽油机配套摇把 1 个,配套呆扳手 1 把,计算器 1 个,500mm 钢板尺 1 把,刮刀 1 把,石笔 1 根,150mm 平口螺丝刀 1 把,试电笔 1,绝缘手套 1 副,工具袋一个,操作平台 1 个,记录纸 1 张、记录笔 1 支,黄油、棉纱适量	5	未正确穿戴劳保不得进行操作,本次考核直接按零分处理;未准备工具、用具及材料扣 5 分;少选一件扣 1 分	

续表

序号	考核内容	评 分 要 素	配分	评 分 标 准	备注
2	测量计算平衡度	用钳型电流表测量抽油机驴头上下行程电动机一向导线的电流峰值,计算平衡度,判断平衡块的调整方向,计算调整距离	15	选择挡位不由大到小扣2分;测试时钳形电流表不水平扣2分;测电流不戴绝缘手套扣10分;转换挡位时不脱离导线扣3分;平衡度标准错误扣5分;平衡度计算错误扣5分;判断调整方向错误扣10分;预调距离计算错误扣5分	
3	停机	用试电笔检测配电箱门是否带电;检查抽油机刹车,戴绝缘手套按停止按钮,将抽油机曲柄停在合适位置,刹紧刹车并锁死刹车,切断电源,关小炉火;侧身拉下断路器开关,关好配电箱门	15	未试电扣3分;未戴绝缘手套扣3分;未刹紧刹车扣5分;未检查刹车扣3分;未侧身断电扣3分;按错按钮扣2分	
4	移平衡块	清理曲柄面,量出预调距离并做好记号;卸松平衡块定位齿块螺丝,取下齿块;卸松平衡块固定螺丝,用摇把移动平衡块到预计位置,放入定位齿块;拧紧平衡块固定螺丝及背帽,拧紧定位齿块固定螺丝;用同样方法调整另一块平衡块;将固定螺丝和锁块螺丝涂油防锈,擦净曲柄面	25	不清理曲柄面扣2分;未先低后高卸平衡块固定螺母扣3分;不松锁紧螺母扣5分;操作顺序颠倒扣5分;戴手套使用大锤扣5分;紧固螺栓组件一处不涂防腐油扣2分;工具用错一次扣2分;紧固螺栓组件一处未上紧扣5分	
5	启机	松刹车,侧身合断路器,按启动按钮,利用惯性启动抽油机	10	未戴绝缘手套扣3分;未检查障碍物扣2分;未松刹车扣2分;未侧身合断路器扣2分;按错按钮扣1分;逆向启机扣3分;未利用惯性启机扣2分,未检查2分	
6	二次测量计算平衡度	检查抽油机运转情况,平衡块紧固情况;用钳型电流表测量抽油机驴头上、下行程电动机一向导线的电流峰值;计算平衡度;判断平衡块的调整方向;计算调整距离	15	测试时钳形电流表不水平扣2分;测电流不戴绝缘手套扣10分;转换挡位时不脱离导线扣3分;平衡度标准错误扣5分;平衡度计算错误扣5分;判断调整方向错误扣10分;调整距离计算错误扣5分	
7	记录数据	汇报抽油机运转情况,油井的生产情况,产量、含水量及冲次等,将有关数据填写班报表、值班记录和抽油机运行记录	10	未汇报生产情况扣5分;未记录扣5分;少记录一项扣1分	
8	清理场地	清理现场,收拾工具	5	未收工具、未清理现场扣5分,少收一件工具扣1分	
9	考核时限	30min,到时停止操作考核			

合计 100 分

任务 15 抽油机井憋压

抽油机井在生产过程中,深井泵工作在井下,长时间受砂、蜡、气及腐蚀等因素的影响,经常出现抽油泵泵阀卡、堵、漏及油管漏的现象,影响抽油井正常生产,严重时造成躺井。抽油机井井口憋压主要是为了验证抽油泵及油管是否发生漏失,通过憋压过程中压力与抽油机行程变化的对应关系,初步判断深井泵故障部位及原因,是采油工必须掌握的一项基本操作技能。

4.15.1 学习目标

通过学习,使大家掌握抽油机井憋压的作用及操作规程,正确使用抽油机井憋压操作所用试电笔、绝缘手套、活动扳手等工具;能够熟练操作配电箱、刹车,正确启停抽油机;能够正确使用工具更换压力表;能够正确开关阀门;能够准确的录取压力,绘制憋压曲线;能够准确分析憋压结果;能够辨识违章行为,消除事故隐患;能够提高个人规避风险的能力,避免安全事故发生;能够在发生人身意外伤害时,进行应急处置。

4.15.2 学习任务

本次学习任务包括更换压力表,倒憋压流程,记录抽憋压数据,停机记录停机憋压数据,启动抽油机,绘制憋压曲线,分析憋压结果。

4.15.3 背景知识

(1) 憋压曲线

抽油机井憋压曲线是油管压力与憋压时间的关系曲线,根据抽油机井在开机憋压和停机憋压状态下录取的数据与时间的关系曲线,能对井下深井泵发生的故障进行诊断。憋压曲线如图 4-15-1 所示。

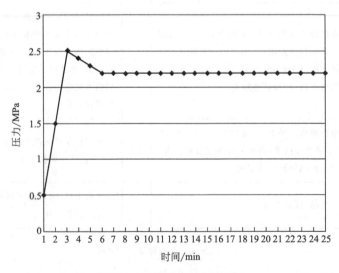

图 4-15-1 抽油机井憋压曲线

(2) 憋压压力要求

新作业后投产或热洗后的井一般抽几个冲程后，压力即可达到憋压要求，然后在井口观察油管压力变化情况。最高憋到 2.5MPa，应注意压力超过 2.5MPa 时必须立即打开生产阀门。

(3) 试泵法

试泵法是向油管中打入液体，根据泵压变化来判断抽油泵故障。试泵分两个步骤：一是把活塞放在工作筒内试泵，若泵压下降或没有压力，则说明泵的吸入部分和排出部分均漏失。另一种方法是把活塞拔出工作筒，打液试泵，如果没有压力或压力不上升，则说明泵的吸入部分漏失严重。

4.15.4　任务实施

4.15.4.1　准备工作

① 正确穿戴劳保用品。

② 准备工具、用具见表 4-15-1。

③ 正常生产抽油机井一口，井口设备齐全符合要求。

表 4-15-1　抽油机井憋压工具、用具表

序号	工具、用具名称	规格	数量	序号	工具、用具名称	规格	数量
1	F 形扳手		1 把	7	绝缘手套		1 副
2	活动扳手	150mm	各 1 把	8	螺丝刀	150mm	1 把
3	活动扳手	300mm	1 把	9	秒表		1 块
4	生料带		1 卷	10	压力表		1 块
5	纸笔		若干	11	棉纱		适量
6	试电笔	500V	1 支		黄油		适量

4.15.4.2　操作过程

(1) 检查井口流程

① 检查井口工艺流程是否正确，阀门等是否灵活好用。

② 采油树盘根及连接配件无渗漏。

(2) 更换压力表

① 关闭油压表阀门并卸压，然后用活动扳手将油压表卸下。

② 安装合格的大量程压力表，表盘与憋压控制阀门方向一致，打开压力表控制阀门。

③ 记录初始压力表读数。

(3) 憋压

① 侧身关闭生产阀门憋压。

② 观察并记录压力随时间（抽油机冲程）变化情况，分别记录三个以上的压力值及与之对应的冲程数。

③ 同时观察盘根及采油树有无渗漏现象，发现渗漏立即停止憋压并采取相应措施。

(4) 停机记录压力

① 当压力上升到规定值（不超过 2.5MPa）时，用试电笔检查配电箱是否带电，戴绝缘手套按停止按钮，将抽油机驴头停在接近上死点位置，刹紧刹车。

② 戴绝缘手套侧身拉下断路器开关，关好配电箱门。

③ 记录压力随时间的变化值，停机 10min，录取压降数据三个以上，检查漏失情况。

④ 侧身缓慢打开生产阀门。

(5) 更换压力表

① 关闭油压表阀门，用活动扳手将憋压用压力表卸下。

② 安装原来压力表，表盘与生产阀门方向一致，打开压力表控制阀门。

③ 记录压力表读数。

(6) 启机

① 检查抽油机周围有无障碍物，戴绝缘手套打开箱门，合上断路器开关送电，缓慢松刹车控制曲柄转速。

② 戴绝缘手套按启动按钮，曲柄向前摆动一个角度后停机，待曲柄摆动方向与抽油机运转方向一致时利用惯性二次启动抽油机。

(7) 绘制憋压曲线

① 利用记录的压力数据在纸上绘制憋压曲线。

② 根据憋压曲线分析油井存在的问题并提出处理措施。

(8) 记录数据

① 汇报抽油机井憋压情况，抽油机井的压力、产量、抽油机运行情况等。

② 将有关数据填写班报表、值班记录和抽油机运行记录。

③ 清理现场，将工具擦拭干净，保养存放。

4.15.5 归纳总结

① 启停机正确使用试电笔，戴好绝缘手套侧身平稳操作，预防触电。

② 操作前检查刹车，确保灵活好用，操作后检查抽油机运转正常后方可离开。

③ 停机后必须刹紧刹车，切断电源，预防意外。

④ 憋压时选用量程合适校验合格的压力表。

⑤ 采油树各部位不渗不漏，阀门灵活好用。

⑥ 憋压值不得超过压力表量程的 2/3。

⑦ 读压力值时，眼睛、指针、刻度成一线垂直表盘。

⑧ 开关阀门时要侧身缓慢操作。

⑨ 应急处置：操作时发生人身意外伤害，应立即停止操作，脱离危险源后立即进行救治，如果伤情较重，立即拨打 120 急救电话送医院救治并汇报。

4.15.6 拓展链接

憋压过程中，压力变化情况反映不同的生产问题，应结合油井其他资料进行综合判断。

① 上冲程时压力上升较快，下冲程时压力不变或略有上升，说明泵的工作状况良好。

② 上冲程时压力上升较快，下冲程时压力下降，经抽油数分钟后，压力变化范围不变。这种情况说明游动阀始终关闭打不开，说明泵内不进油。

③ 上冲程时压力上升缓慢或不上升，下冲程时压力不变，说明排出部分漏失（可能是游动阀漏、油管漏、活塞与衬套的间隙漏）。

④ 上冲程时压力上升较快，下冲程时压力下降较慢，说明固定阀轻微漏失，如果下行

时压力下降得越快，说明固定阀漏失越严重。

⑤ 上冲程时压力上升较快，下冲程时开始压力下降后压力有基本稳定，说明供液不足。

⑥ 上冲程时压力上升缓慢，下冲程时压力下降，说明双阀均漏失严重。

4.15.7 思考练习

① 抽油机井憋压过程中应该注意哪些问题？

② 抽油机井憋压能够验证油井存在的哪些问题？

4.15.8 考核

4.15.8.1 考核规定

① 如违章操作，将停止考核。

② 考核采用百分制，考核权重：知识点（30%），技能点（70%）。

③ 考核方式：本项目为实际操作考题，考核过程按评分标准及操作过程进行评分。

④ 测量技能说明：本项目主要测试考生对抽油机井憋压操作掌握的熟练程度。

4.15.8.2 考核时间

① 准备工作：1min（不计入考核时间）。

② 正式操作时间：30min。

③ 在规定时间内完成，到时停止操作。

4.15.8.3 考核记录表

抽油机井憋压考核记录表见表 4-15-2。

表 4-15-2 抽油机井憋压考核记录表

序号	考核内容	评 分 要 素	配分	评 分 标 准	备注
1	准备工作	选择工具、用具；劳保着装整齐，F 形扳手 1 把，150mm 活动扳手 1 把，300mm 活动扳手 1 把，压力表 1 块，秒表 1 块，生料带 1 卷，150mm 螺丝刀 1 把，试电笔 1 支，绝缘手套 1 副，黄油、棉纱适量，记录纸 1 张，记录笔 1 支	5	未正确穿戴劳保不得进行操作，本次考核直接按零分处理；未准备工具、用具及材料扣 5 分；少选一件扣 1 分	
2	检查井口流程	检查井口工艺流程是否正确，阀门等是否灵活好用，采油树盘根及连接配件无渗漏	10	未检查井口流程扣 5 分；少检查 1 处扣 2 分；未检查井口渗漏扣 5 分	
3	更换压力表	关闭油压表阀门用活动扳手将油压表卸下；安装合格的大量程压力表，表盘与憋压控制阀门方向一致，打开压力表控制阀门，记录初始压力表读数	15	打脱扳手扣 2 分；卸表时未边斜边活动压力表扣 3 分；安装压力表不合格扣 5 分；表盘方向不对扣 3 分；未打开压力表阀门扣 5 分；未记录压力扣 2 分	
4	憋压	侧身关闭生产阀门憋压；观察并记录压力随时间（抽油机冲程）变化情况，分别记录三个以上的压力值及与之对应的冲程数；同时观察盘根及井口流程有无渗漏现象，发现渗漏立即停止憋压并采取相应措施	20	未侧身关阀门扣 3 分；记录压力值错误扣 5 分；未观察渗漏扣 2 分；压力值未控制好扣 5 分	

续表

序号	考核内容	评分要素	配分	评 分 标 准	备注
5	停机记录压力	检查配电箱是否带电,按停止按钮,停机,断电;记录压力随时间的变化值,压降数据录取三个以上,检查漏失情况;侧身缓慢打开生产阀门	15	未试电扣3分;未断电扣5分;录取压力不准确扣5分;停机时间不够扣3分;开阀门未侧身扣3分;未检查渗漏扣3分	
6	启机	松刹车,侧身合断路器,按启动按钮,利用惯性启动抽油机	10	未戴绝缘手套扣3分;未检查障碍物扣2分;未松刹车扣2分;未侧身合断路器扣2分;按错按钮扣1分;逆向启机扣3分;未利用惯性启机扣2分,未检查扣2分	
7	绘制憋压曲线	利用记录的压力数据在纸上绘制憋压曲线,根据憋压曲线分析油井存在的问题并提出处理措施	10	不会绘制曲线扣5分;不会分析原理扣5分;不会提出措施扣5分	
8	记录数据	汇报抽油机井憋压情况,抽油机井的压力、产量、抽油机运行情况等,将有关数据填写班报表、值班记录和抽油机运行记录	10	未汇报生产情况扣5分;未记录扣5分;少记录一项扣1分	
9	清理场地	清理现场,收拾工具	5	未收拾保养工具扣2分;未清理现场扣3分;少收一件工具扣1分	
10	考核时限	30min,到时停止操作考核			
		合计100分			

参 考 文 献

［1］ 中国石油天然气集团公司职业技能鉴定指导中心.石油石化职业技能培训教程（采油工）.北京：石油工业出版社，2011.

［2］ 石克禄.采油井、注入井生产问题百例分析.北京：石油工业出版社，2006.

［3］ 陶延令.采油技术问答汇编.北京：石油工业出版社，1998.

［4］ 金敏荪.采油地质工程.北京：石油工业出版社，1985.

［5］ 万仁傅.采油工程手册.北京：石油工业出版社，2000.

［6］ 李建奎.现代油田难动用储量开发、油田开采评价及采油新工艺新技术实用手册.北京：中国知识出版社，2006.

［7］ 刘喜林.难动用储量开发稠油开采技术.北京：石油工业出版社，2005.

［8］ 张锐.稠油开采技术.北京：石油工业出版社，1999.

［9］ 邹根宝.采油工程.北京：石油工业出版社，1997.

［10］ 万仁傅，罗英俊.采油技术手册（修订本）：第四分册机械采油技术.北京：石油工业出版社，1991.

［11］ 李振泰.油气集输工艺技术.北京：石油工业出版社，2007.

［12］ 唐磊.采油基本技能操作读本.北京：石油工业出版社，2006.